中国核应急救援队理论培训系列教材

核电厂
安全与事故分析

俞冀阳 / 主编

中国环境出版集团 · 北京

图书在版编目（CIP）数据

核电厂安全与事故分析/俞冀阳主编. —北京：中国环境出版集团，2021.9

中国核应急救援队理论培训系列教材 / 蒋志刚，王百荣主编

ISBN 978-7-5111-4772-1

Ⅰ.①核… Ⅱ.①俞… Ⅲ.①核电厂—安全管理—教材 ②核电厂—事故分析—教材 Ⅳ.①TM623

中国版本图书馆 CIP 数据核字（2021）第 122132 号

出 版 人 武德凯
责任编辑 田 怡
责任校对 任 丽
封面设计 彭 杉

出版发行 中国环境出版集团
（100062 北京市东城区广渠门内大街 16 号）
网 址：http：//www.cesp.com.cn
电子邮箱：bjgl@cesp.com.cn
联系电话：010-67112765（编辑管理部）
发行热线：010-67125803，010-67113405（传真）

印 刷 北京中科印刷有限公司
经 销 各地新华书店
版 次 2021 年 9 月第 1 版
印 次 2021 年 9 月第 1 次印刷
开 本 710×1000 1/16
印 张 10.75
字 数 149 千字
定 价 68.00 元

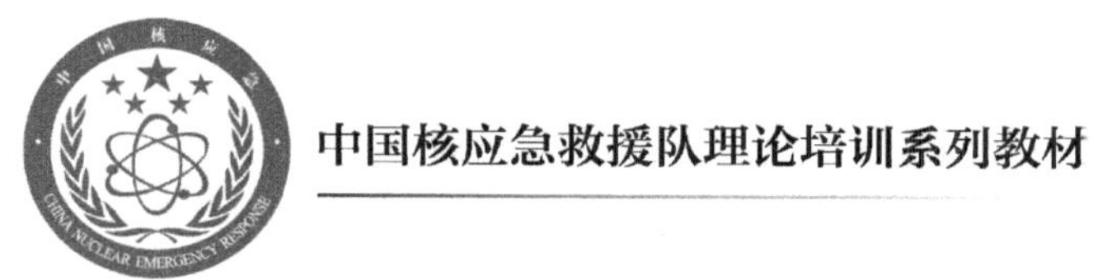

编审委员会

总序

原子的发现和核能的开发利用给人类社会发展带来了新的动力，极大地提高了人类认识世界和改造世界的能力。核能的发展伴随着核安全风险和挑战。人类要更好地利用核能、实现更大的发展，必须创新核技术、确保核安全、做好核应急。核安全是核能事业持续、健康发展的生命线，核应急是核能事业持续、健康发展的重要保障。

我国始终把核安全放在核能事业的首要位置，坚持总体国家安全观，倡导理性、协调、并进的核安全观，秉持为发展求安全、以安全促发展的理念，始终追求发展和安全两个目标的有机融合。我国核电机组运行业绩良好，迄今未发生国际核事件分级表（INES）2 级及以上的运行事件，运行指标普遍处于世界核电运营者协会（WANO）中值以上，核设施周边环境辐射水平处于正常范围，核电厂的核辐射安全处于受控状态。即便如此，核事故影响无国界，核应急管理无小事。我国作为负责任的大国，在总结三里岛核事故、切尔诺贝利核事故、福岛核事故教训的基础上，更加深刻地认识到核应急的极端重要性，持续加强和改进核应急准备与响应工作，不断提升核安全保障水平。2016 年 5 月，中国核应急救援队正式成立。作为国家核应急力量的重要组成部分，中国核应急救援队主要承担复杂条件下，核电厂亘特大核事故的抢险救援和紧急处置任务，以支援核电厂有效遏制事故、封控污染源头、减轻危害后果及搜救场内人员为主要目标，为核电厂营运单位和涉核集团、公司的救援力量提供强有力的支援；同时兼顾承担军地其他核设施、核装备发生重特大核事故及核恐怖袭击事件的应急处置和救援任务，并可参与国际核应急救援行动。

为了提高中国核应急救援队完成任务的能力，我国配套建立了救援队训练基地，包括理论教学训练基地、操作技能训练基地、事故场景模拟训练基地。其中，理论教学训练基地依托陆军防化学院，主要承担救援队骨干力量理论培训、局域网桌面推演以及国际交流等任务，同时担负国家赋予的其他培训任务。依据《中国核应急救援队理论教学基地教学大纲》，我们组织编写了核应急救援队理论培训系列教材。主要包括：

- 核应急辐射防护
- 核电技术及发展
- 核电厂安全与事故分析
- 核应急准备
- 核应急指挥
- 核事故后果评价与辅助决策
- 核应急辐射监测
- 核应急放射性去污
- 核应急医学救援
- 核事故应急案例分析
- 严重核电事故情景库
- 核应急演习

核应急救援队理论培训系列教材涉及核应急辐射防护、核电技术及发展、核电厂安全与事故分析、核应急准备等相关核应急专业基础知识，核应急指挥、核事故后果评价与辅助决策、核应急辐射监测、核应急放射性去污和核应急医学救援等核应急专业知识，以及核事故应急案例分析、严重核电事故情景库、核应急演习等核应急综合应用的内容。本系列教材的编写目的是培养掌握核应急相关基础理论和核应急行动专业知识，具备良好核应急文化素养，能够胜任中国核应急救援队岗位需要的核应急骨干人才。

本系列教材既是中国核应急救援队理论培训教材，也可供核应急工作者参考。

由于时间仓促，涉及的内容广，加之编委会实践经验和认知水平有限，因此难免有错误或不当之处，衷心盼望有关专家和广大读者不吝赐教，提出宝贵意见，以便改正。

“中国核应急救援队理论培训系列教材”编委会

2021年6月

前 言

核电厂安全与事故分析是关于核电厂安全管理和评价的一门课程。其内容包括核电厂安全管理的相关法规；核电厂设计安全和运行安全；核电厂可能发生事故的种类及发生频率；确定事故发生后系统的响应及预计事故的进程；评价各种安全设施及安全屏障的有效性；研究各项因素及操纵员干预对事故进程的影响。为适应当前我国大力发展核电的形势，向核应急救援队的学员系统地讲述核电厂安全与事故分析的基本方法，是极其重要而且有意义的。本教材内容以基础知识、基本概念和基本原理为主，通过这门课程的学习，学员可以对核电厂安全与事故分析有全面深入的了解。

全书共分 5 章，第 1 章为核电厂安全概述，介绍了核电厂的主要风险、安全性特征和我国核安全相关法规；第 2 章介绍了核电厂的设计安全规定；第 3 章介绍了核电厂的运行安全规定；第 4 章介绍了核电厂事故分析的方法；第 5 章介绍了典型的设计基准事故分析。

由于编写仓促，书中难免出现某些问题，敬请批评指正。

编 者

2019 年

目录

第 1 章　核电厂安全概述

丰富的电力是发展中国家发展经济的重要基础，电力是经济发展的牵引力。衡量一个国家的电力发展的一个可度量参数是人均电力消费，人均电力消费的计算公式是：人均电力消费（W）=总人口电力消耗量（kW·h/a）×10^3/（365.25×24×人口数）。当今世界上还有约 1/3 的人口人均电力消费在 100 W 以下。与此相比，日本、法国等经济发达国家的人均电力消费在 800 W 以上，美国的人均电力消费在 1 500 W 以上。

2020 年全年中国大陆的总电力消费为 7.511 万亿 kW·h，可得人均电力消费约为 612 W。预测未来 20 年中国的电力需求将是现在的 2 倍，也就是很可能在 20 年以后，我国的人均电力消费达到发达国家的水平。这种电力需求的大幅增加，对中国乃至全世界提出了一个重要问题：用什么能源来补充新的电力呢？

这样巨大的电力缺口，如果过度依靠传统的化石能源是不行的。早在 19 世纪 20 年代，法国科学家傅里叶（Fourier J）就发现自然温室效应，并进一步论证这一效应对生物生存的重要性，认为自然温室效应是地球能量系统平衡的重要组成部分。19 世纪末，瑞典科学家阿伦纽斯（Svante Arrhenius）又提出了人为温室效应的可能性，认为矿物燃料燃烧过程中所排放的二氧化碳（CO_2），将使大气中的 CO_2 浓度升高，会带来气候变暖问题，即每当大气中 CO_2 浓度增加 1 倍时，气温会上升 4～6℃。1985 年，在一次由联合国环境规划署（UNEP）、世界气象组织（WMO）、国际科学理事会（ICSU）共同召开的国际会议上，温室气体浓度增加将引致全球平均温度上升的观点得到基本接受，并成为国际社会热点之一。

联合国政府间气候变化专门委员会（IPCC）的第二次评估报告称，温室气体，如 CO_2、甲烷（CH_4）和氧化亚氮（N_2O），在大气中的浓度自18 世纪的工业化时代以来，已经有了显著的增加。究其原因，很大程度上是由于人类活动，主要是矿物燃料的使用、土地使用的变化和农业造成的。温室气体浓度的增加导致了大气和地球表面的变暖。自 19 世纪末以来，全球平均地面温度上升了 0.3～0.6℃；在过去的 100 年中，全球海平面也相应上升了 10～25 cm。倘若不采取相应举措，大气中的温室气体浓度仍按目前的速度增加，再过 50～100 年，全球平均气温将升高 2～3℃，海平面将上升 30～100 cm，人类赖以生存的生态和社会经济系统将会受到极大的危害。对于发展中国家而言，形势更为严峻。人类只有一个地球，减少温室气体排放已成为当今国际社会所面临的一个亟待解决的问题。

碳税就是在这样的背景下被提出的。碳税是指针对 CO_2 排放所征收的税。它以环境保护为目的，希望通过削减 CO_2 排放来减缓全球变暖。碳税通过对燃煤和石油下游的汽油、航空燃油、天然气等化石燃料产品，按其碳含量的比例征税来实现减少化石燃料消耗和 CO_2 排放。世界上有些国家和地区已经开始征收碳税。

1990 年，第二次世界气候大会的部长宣言和科学技术会议声明，首倡制定气候公约，联合国大会决定设立政府间气候变化谈判委员会。自 1991 年开始，历经 15 个月共五轮谈判，于 1992 年 5 月 9 日形成了《联合国气候变化框架公约》，并于当年 6 月在巴西召开的联合国环境与发展大会上开放签署了《联合国气候变化框架公约》。目前缔约方已达 165 个。我国政府于 1992 年的巴西会议上签署了该公约。1994 年该公约生效。1995 年召开了公约第一次缔约方会议，经过激烈的争论通过了著名的“柏林授权”，再次明确了公约国家（包括西方发达国家和转轨经济国家）率先减排的规定，并强调不为发展中国家引入任何新的承诺。1997 年 12 月，又在日本京都召开了第三次缔约方会议，通过了《联合国气候变化框架公约京都议定书》（以下简称《京都议定书》），该议定书规定，2008—2012 年，将温室气体排放水平在 1990 年的基础上平均减少 5.2%。2015 年 12 月，《联合国气候变化框架公约》近 200 个缔约方在巴黎气候变化大会上通过《巴黎协定》。这是继《京都议定书》后第二份有法律约束力的气候协议，为 2020 年后全球应对气候变化行动作出了安排。

作为发展中国家，中国在签署了《联合国气候变化框架公约》后不久就公开发表了《中国环境与发展十大对策》，宣布中国将实行可持续发展战略。其中，围绕"控制二氧化碳，减轻大气污染"等问题提出了多项政策和措施。从根本上看，减少温室气体排放以避免因温室效应带来的气候变化灾难，符合包括发展中国家在内的所有国家的利益；但从现实来看，减少温室气体排放又将限制本国的经济和社会发展并承受相应的利益损失，会影响国家的发展空间和发展前景。鉴于此，温室气体减排问题显得格外复杂，因而成为国际社会的热点问题之一，从而又使得温室气体排放问题成为兼具环境、经济、政治三重性质的国际问题。由此，在防止气候变化的过程中，我们所面临的是双重压力，一方面，过度排放温室气体给人类赖以生存的地球生态系统和人类社会发展带来的危害，最终会影响乃至阻碍经济的健康发展；另一方面，一些发达国家忽视中国的现实，不切实际地向中国施压，致使我们面临巨大的国际压力。在这种情况下，如何切合中国的实际情况制定政策，督促各方运用必要的技术措施，努力减缓温室气体的排放增长率成为十分重要的议题，当然也应考虑包括经济手段在内的多种方式。

就中国目前的现实而言，以煤为主的能源结构是形成以城市为中心的严重大气污染的重要原因，排入大气中 85%的 CO_2 来自燃煤。尤其不能忽视的是，中国目前仍属于发展中国家，为发展经济、提高人民生活水平，能源消耗势必会加速增长，温室气体排放也会有较快的增长速度，中国的温室气体排放应属于"生存性排放"。但与此同时，我们还必须清醒地意识到，温室效应有可能从根本上危害人类的生存环境。从某种意义上说，压力也是动力，在防止气候变化的国际合作与斗争中，中国应该能够找到一条符合中国实际的可持续发展之路。

在碳减排的巨大压力下，发展核电是必由之路。自 20 世纪 50 年代中期第一座商业核电站投产以来，核电发展已历经 60 多年。

据国际原子能机构（IAEA）统计，截至 2020 年 12 月 31 日，全球 33 个国家和地区共有在运核电机组 443 台，总装机容量约 3.930 6 亿 kW。在建机组共计 52 台，装机容量约 5 451 万 kW，其中 11 台在中国。核电与水电、火电、风电、太阳能一起构成世界电力能源的支柱。核能是公认的低碳、经济、清洁、技术先进、具有广阔发展前景的能源。

核能发电量超过总发电量 15%的国家和地区共 19 个，其中包括美国、法国、德国、日本等发达国家。我国 2020 年的核能发电占比是 4.94%，大大低于各个发达国家。各国核电装机容量的多少，在很大程度上反映了各国经济、工业和科技的综合实力的强弱和水平的高低。核电与水电、火电、风电、太阳能，在世界能源结构中占据着重要地位。

我国是世界上少数几个拥有比较完整核工业体系的国家之一。中国核工业始于 1955 年，20 世纪 50 年代后期至 70 年代，核工业主要是为国防服务。在此期间建立了相应的科研、设计、建造、教育和核燃料循环工业体系，为核工业日后的发展奠定了基础。

1978 年，中国开始实行改革开放政策，核工业转向重点为经济建设和人民生活服务。20 世纪 80 年代初，国务院决定建造秦山核电厂和广东大亚湾核电厂，中国开始发展核电工业。

自 1991 年我国第一座核电站——秦山一期并网发电以来，截至 2020 年 12 月 31 日，我国投入商业运行的核电机组共 50 台，装机容量达到 47 528 MW。目前，我国核电站的安全、运行业绩良好，运行水平不断提高，运行特征主要参数好于世界均值；核电机组放射性废物产生量逐年下降，放射性气体和液体废物排放量远低于国家标准许可限值。秦山一期核电站已安全运行多年。大亚湾核电站近年的运行水平与核能发达国家的水平相当，运行业绩进入了世界先进行列。

经过各有关部门的共同努力，我国已具备了积极推进核电建设的基础条件。在工程设计方面，我国已经具备了 30 万 kW 级、60 万 kW 级压水堆核电站自主设计的能力；掌握了百万千瓦级压水堆核电站的设计能力。在设备制造方面，自 20 世纪 70 年代就具有了一定的研制能力。目前，可以生产具有自主知识产权的 100 万 kW 级压水堆核电机组成套设备，按价格计算国产化率超过 80%。在核燃料循环方面，我国目前已建立了较为完整的供应保障体系，为核电站安全稳定运行提供了可靠保障，可以满足目前已投运核电站的燃料需求。在核能技术研发方面，快中子增殖堆和高温气冷堆等多项关键技术取得了可喜进展。

核电安全是核电事业健康发展的关键，在搞好核电厂安全运行的同时，也要抓好在建核电厂的建设。“安全第一、质量第一”始终是中国核工业必须遵循的方针。1984 年，国务院决定成立国家核安全局，对民用核设施的核安全进行独立监管，建立了核安全监督体系，并确定了政府有关部门和营运单位的职责。1986 年，我国开始陆续颁布核安全法规，依法监管核安全。为了使中国的核安全要求和核安全水平与国际水平保持一致，对已公布的核安全法规和标准逐步进行修订，对修订周期较长的法规内容，以“核安全政策声明”的形式预先发布。

在核安全法规及核应急体系建设方面，结合国内核电的实际情况，我国目前已经初步建立了与国际接轨的核安全法规体系；制定了核设施监管和放射性物质排放等管理条例，建立了中央、地方、企业的三级核电厂内、外应急体系。

核能已成为人类使用的重要能源，核电是电力工业的重要组成部分。由于核电不造成对大气的污染排放，在人们越来越重视地球温室效应、气候变化的形势下，积极推进核电建设，是我国能源建设的一项重要政策。这对满足经济和社会发展不断增长的能源需求，保障能源供应与安全，保护环境，实现电力工业结构优化和可持续发展，提升我国综合经济实力、工业技术水平和国际地位具有重要意义。

一次能源的多元化，是国家能源安全战略的重要保证。实践证明，核能是一种安全、清洁、可靠的能源。我国人均能源资源占有率较低，分布也不均匀，为保证我国能源的长期稳定供应，核能将成为必不可少的替代能源。发展核电可改善我国的能源供应结构，有利于保障国家能源安全和经济安全。

我国一次能源以煤炭为主，长期以来，煤炭发电量占总发电量的50%以上。大量发展燃煤电厂给煤炭生产、交通运输和环境保护带来巨大压力。随着经济发展对电力需求的不断增长，大量燃煤发电对环境的影响也越来越大，全国的大气状况不容乐观。

核电是一种技术成熟的清洁能源。与火电相比，核电不排放二氧化硫（SO_2）、烟尘、氮氧化物和CO_2。以核电替代部分煤电，不但可以减少煤炭的开采、运输和燃烧总量，而且是电力工业减排污染物的有效途径，也是减缓地球温室效应的重要措施。

核电工业属于高技术产业，其中核电设备设计与制造的技术含量高，质量要求严，产业关联度很高，涉及上下游几十个行业。加快核电自主化建设，有利于推广应用高新技术，促进技术创新，对提高我国制造业整体工艺、材料和加工水平将发挥重要作用。

贯彻“安全高效发展核电”的电力发展基本方针，统一核电发展技术路线，注重核电的安全性和经济性，坚持“以我为主”，中外合作，以市场换技术，引进国外先进技术，国内统一组织消化吸收，并再创新，实现先进压水堆核电站工程设计、设备制造、工程建设和运营管理的自主化，形成批量化建设中国品牌先进核电站的综合能力，提高核电所占比重，实现核电技术的跨越式发展。

在核电发展战略方面，坚持发展百万千瓦级先进压水堆核电技术路线，目前按照热中子反应堆—快中子反应堆—受控核聚变堆“三步走”的步骤开展工作。积极跟踪世界核电技术发展趋势，自主研究开发高温气冷堆、固有安全压水堆和快中子增殖反应堆技术。与此同时，自主开发与国际合作相结合，积极探索聚变反应堆技术。

1.1 核电厂的主要风险

建造核电厂是有风险的，核电厂主要风险来源于以下四个方面。

1.1.1 强放射性

核裂变过程中，除释放出巨大的能量以外，还伴有大量放射性物质的生成。一般来说，核反应堆每 1 W 热功率，在燃耗末期，在乏燃料里积累的放射性活度将为 3.7×10^{10} Bq（贝克勒尔，1 Ci=3.7×10^{10} Bq）。

例如，一个 1 000 MW（e）的核电厂，热功率约为 3 000 MW，燃耗末期积累的裂变产物放射性将高达约 10^{20} Bq（3×10^{9} Ci），折合成等效的 ^{131}I 大约为 7×10^{8} Ci。

当然，在实际运行情况下，核反应堆内放射性物质绝大部分都保留在燃料元件内。只要包壳不破损，芯块不熔化，这些放射性物质就不会逸到环境中。

1.1.2 衰变热

反应堆停闭后，堆芯内中子链式裂变反应虽然中止，但是，裂变产物继续发射 β 和 γ 等射线，这些裂变产物的半衰期都比较长，射线在与周围物质作用时释放出热量，这就是衰变热。

反应堆在停堆后，还有一定量的功率，因此反应堆必须设置停堆余热排出系统来保证反应堆的安全。反应堆停堆后的功率，主要由缓发中子引起的裂变反应、裂变产物的衰变以及其他材料的中子俘获等因素决定。

停堆后反应堆功率的变化可用 Glasstone 关系式表达，即

$$\frac{p(t)}{p_0}=0.1\Big[(t+10)^{-0.2}-(t+t_0+10)^{-0.2}+0.87(t+t_0+2\times10^7)^{-0.2}-0.87\times(t+2\times10^7)^{-0.2}\Big] \tag{1-1}$$

式中，t_0 为停堆前反应堆运行的时间；t 为停堆后反应堆运行的时间。单位均为 s。

图 1-1 是采用 Glasstone 关系式分别表示的运行 7 天、1 个月和 1 年后得到的停堆后相对功率变化，可以看到停堆前运行时间越长，停堆后相对功率也越大。还应该指出的是，Glasstone 关系式考虑了 ^{239}U 和 ^{239}Np 等核素与 ^{235}U 裂变产物的衰变，因此用此关系式计算停堆后相对功率是很保守的。我们把此关系式在 $t_0 \to \infty$ 时的结果和美国核学会（ANS）1971 年的标准（ANS-5.1/N18.6）做了比较，结果如图 1-2 所示。

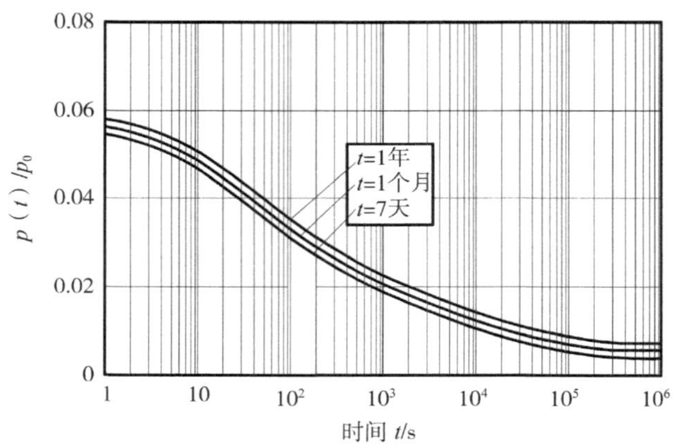

图 1-1 停堆后相对功率变化

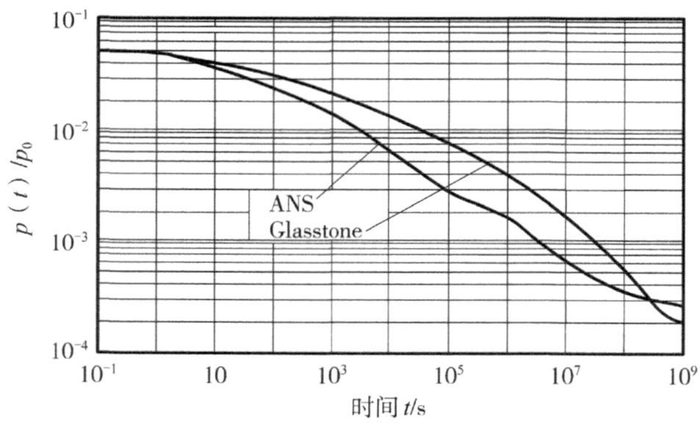

图 1-2 ANS 1971 年标准和 Glasstone 停堆后相对功率变化比较

可以看到，几小时后还有 1%左右的热功率。做一个简单的估算，每 1 MW 热功率每小时可以蒸发大约 1 500 kg 水，可见核电厂即使停堆以后，在相当长的时间内，仍需要不断提供冷却手段，使堆芯得以冷却。

1.1.3　高温高压水

反应堆冷却剂系统共有几百吨高温高压水，含有巨大的能量。一旦有回路发生破口，大量冷却剂会迅速喷出，危及安全壳的完整性，同时大量放射性物质逸出，使燃料元件无法冷却，存在堆芯熔化的可能性。

1.1.4　功率可能暴走

在一定条件下，反应堆有可能使反应性达到瞬发临界的条件（如可能是由于具有正的温度反应性系数引起的），从而使功率上升失去控制。

另外，由于历史上爆炸过两个原子弹和不适当的宣传，在社会上存在对反应堆安全性的不正确评价，把反应堆等同为原子弹，一遇到风吹草动，立刻就会产生巨大的社会影响。1979 年的三里岛事故后的 40 多年里，美国没有新的核电厂登记注册。瑞典为人均占有核电最多的国家，1985 年 800 万人口共有 12 个核动力发电机组，后经公民投票，不再建造新核电厂，至 2010 年已全部关闭。法国每年组织几十万公民参观核电厂，在核电厂附近居民电费降价，反核力量相对较小。2011 年日本福岛核电厂由于地震造成了大量放射性物质向环境的释放，使大部分日本民众走到了反对核电的队伍中。

核电厂一旦发生事故，还会造成巨大的经济损失。100 万 kW 的核电厂价值 20 亿美元，若有所损坏，损失巨大。每天发电 2 400 万 kW · h，价值 100 万美元，即使停止运行一天，损失也很大。三里岛事故使美国核工业界至少损失数十亿美元。苏联的切尔诺贝利事故后毁掉大量农作物，埋杀家畜，疏散人口达 13.5 万人，造成损失达 200 亿美元以上。

1.2 核电厂安全性特征

根据《核动力厂设计安全规定》（HAF 102—2016），核电厂的基本安全目标是在核动力厂中建立并保持对放射性危害的有效防御，以保护人与环境免受放射性危害。

基本安全目标适用于核电厂的所有活动，包括规划、选址、设计、制造、建造、调试、运行和退役，以及有关放射性物质的运输、乏燃料和放射性废物的管理等。

安全目标要求核电厂的设计和运行使得所有辐射照射的来源都处在严格的技术和管理措施控制之下。核电厂安全目标不是消除风险，而是控制风险，正如 75-INSAG-3 中的表述——无论怎么努力，都不能实现绝对安全。从某种意义上说，生活中处处有危险。控制核电厂的风险使其与国家发电行业其他技术的风险相当或更低，对社会不产生明显的附加风险即可。

这里，风险是指事件的频率与其所产生的危害后果的乘积，放射性危害是指辐射对核电厂工作人员和公众健康的不利影响，以及对土壤、空气、水或食物的放射性污染。核电厂也具有任何工业都会造成的比较普遍的危害，但从核电安全总目标中可以看到，核电厂着重考虑的是它最突出的问题——核安全。

美国核管理委员会（NRC）的政策声明 *Safety Goals for the Operations of Nuclear Power Plants*；*Policy Statement*；*Republication*（51FR30028）提出两个定性安全目标：

（1）应该为公众的个体成员提供对核电厂运行后果的一定水平的防护，以至这些成员不承受对生命和健康明显的附加风险。

（2）核电厂运行对生命和健康所产生的社会风险与其他可行的竞争发电技术相比，应该是可比的或更低的，应该对社会风险没有明显的增加。

定性安全目标阐述了核安全的目的和原理，但定性安全目标不能提供具体的指标，从而不能解决操作层面的问题，这就需要确定定量安全目标。

根据其对“没有明显的增加”的见解，典型的定量安全目标是 NRC 在其政策声明“51FR30028”中所确定的，增加的风险明显在原来已有风险的不确定度的范围内，即：

（1）对于紧邻核电厂的正常个体来说，反应堆事故所导致立即死亡的风险不应该超过美国社会成员面对其他事故所导致的立即死亡的风险总和的 1‰。

（2）对于核电厂邻近区域的人口来说，核电厂运行所导致癌症死亡风险不应该超过其他原因所导致的癌症死亡风险总和的 1‰。

另外，为了保护公众，还建立了日常的辐射防护目标，确保在正常运行时核电厂内外从系统释放出来的放射性物质引起的辐照保持在合理可行尽量低的水平，并低于国际辐射防护委员会（ICRP）规定的限值（ICRP 建议专业人员 5 年剂量限值为 100 mSv，其中任何一年不超过 50 mSv，居民每年剂量限值为 1 mSv）。由事故引起的辐照要避免早期（非随机效应）伤害，并将后期（随机）效应限制在可容许的水平。在可能使辐射源不能完全控制的任何事故条件下，核电厂有安全应急措施，场外也备有对策，以缓解对工作人员、公众及环境的危害。

为了达到基本安全目标，要求核电厂按照纵深防御原则进行安全设计，并要求核电厂发生严重堆芯熔化事故的概率应低于 10^{-5} 次/堆年。

为了实现基本安全目标，必须采取下列措施：

（1）控制在运行状态下对人员的辐射照射和放射性物质向环境的释放；

（2）限制导致核电厂反应堆堆芯、乏燃料、放射性废物或任何其他辐射源失控事件发生的可能性；

（3）如果上述事件发生，减轻这些事件产生的后果。

为了实现基本安全目标，辐射防护设计必须保证在所有运行状态下核电厂内的辐射照射或由于该核电厂任何计划排放放射性物质引起的辐射照射低于规定限值，且可合理达到尽量低的水平。同时，还应采取措施减轻任何事故的放射性后果。

为了实现基本安全目标，辐射防护设计必须做到在核电厂内所有辐射照射的来源都处于严格的技术和管理措施控制之下。但不排除人员受到有限的照射，也不排除在法规许可范围内从运行状态的核电厂向环境排放一定数量的放射性物质。此种照射和排放必须受到严格控制，并符合运行限值和辐射防护标准，且可合理达到尽量低的水平。

为了实现基本安全目标，安全设计必须做到：

（1）防止由于反应堆堆芯或其他辐射源失控引起有害后果的事故，并在发生事故时减轻后果；

（2）保证在设计中考虑的所有事故的放射性后果都低于相关限值，并保持在可合理达到的尽量低的水平；

（3）保证有严重放射性后果的事故发生的可能性极低，并尽最大可能减轻这种事故的放射性后果。

为了证明在核电厂的设计中实现了基本安全目标，必须对设计进行全面的安全评价，以确定所有辐射照射的来源，并评估核电厂工作人员和公众可能受到的辐射剂量，以及对环境的可能影响。此种安全评价要考虑以下内容：

（1）核电厂的正常运行；

（2）预计运行事件发生时核电厂的性能；

（3）事故工况。

在分析的基础上，确认设计抵御假设始发事件和事故的能力，验证安全重要物项的有效性，以及确定应急预案的输入。

尽管采取措施将所有运行状态下的辐射照射控制在可合理达到的尽量低的水平，并将导致辐射源失控事故的可能性降至最低，但仍然存在发生事故的可能性。这就需要采取措施以保证减轻放射性后果。这些措施包括安全设施和安全系统、营运单位制定的核电厂事故管理规程，以及国家和地方有关部门制定的场外干预措施。

核电厂的安全设计必须采取实际措施，以减轻核与辐射事故对人的生命、健康以及环境造成的影响。必须实际消除可能导致高辐射剂量或大量放射性物质释放的核电厂事故序列；必须保证发生频率高的核电厂事故序列没有或仅有微小的潜在放射性后果。安全设计的基本目标是在技术上实现减轻放射性后果的场外防护行动是有限的甚至是可以取消的。

核电厂有关安全的基本设计思想是设置纵深防御设施和措施及建立防止放射性物质释放的多道实体屏障。

为了达到核安全目标，核电厂设置安全设施和措施时采用了多层次设防的总指导原则，这就是纵深防御原则。这一原则是针对核电厂特有的潜在的危险性而确定的。核电厂利用多层次的安全设施保护一系列的实体屏障，使得个别的人为因素差错或机械失效可得到补救或改正，不会伤害公众或影响环境，甚至在极不可能发生的多重失效致使实体屏障不完全有效的情况下，也能保持三个基本安全功能：停堆、冷却燃料元件及包容放射性物质，对公众和环境只会造成极小的伤害。

纵深防御设施包含正常运行设施、停堆保护系统、专设安全设施、特殊安全设施和场外应急设施五个层次，前三个层次实施事故预防对策，特别是预防可能引起严重堆芯损坏的事故，是获得安全的主要手段，后两个层次实施事故缓解对策，作为发生事故后的补救，减弱事故的影响。

核电厂各层次的纵深防御设施有着相互保护、相互补充的密切关系，构成一个匀称、合理的工作整体。在核电厂正常运行的所有时间内，全部防御设施都应处在工作或备用状态，这样才能保证任何时刻均可用。在某一防御层次或安全设备不可用时，反应堆就应停闭。

20 世纪 60 年代建成的第一代核电厂就已经采用了纵深防御原则，但当时的防御重点是大破口失水事故。自 1975 年概率安全评价方法应用于核电厂，安全分析及总结了 1979 年 3 月的美国三里岛 2 号机组事故的经验教训后，美国意识到核电厂的主要风险来自多种初因事件导致的堆芯熔化事故，在安全管理、安全设施和人因工程方面作出了显著改进。1986 年 4 月，苏联切尔诺贝利 4 号机组发生严重事故后，核安全更进一步引起世界各方面的关注。世界核电安全专家普遍认为，核电厂采用纵深防御原则是正确和有效的，但纵深防御措施有待继续加强，特别是要找出各种核电厂设计的薄弱环节，加以改进，使发生堆芯熔化这种严重事故的概率显著降低。

纵深防御概念应用的另一方面是在设计中设置一系列的实体屏障，并采用能动、非能动设施和固有安全特性的组合，以使实体屏障能够有效地将放射性物质包容在特定区域。所需实体屏障的数目取决于放射性核素总量和同位素成分表征的初始源项、单个屏障的有效性、可能的内部与外部危险以及各种失效的潜在后果。为了防止放射性物质的释放，轻水堆核电厂普遍采用三道实体屏障，即燃料元件包壳、反应堆冷却剂系统承压边界和安全壳及安全壳系统。另外，燃料芯块、反应堆冷却剂、安全壳内空间及场外的防护距离也都可视为缓解放射性危害的屏障。正常运行时，大部分放射性裂变产物保留在燃料芯块内，部分气态裂变产物处在芯块与包壳之间的气隙内。燃料元件包壳将全部裂变产物密封在其内部，形成第一道屏障。在燃料元件包壳有破损的情况下，部分裂变产物释放到反应堆冷却剂系统，通过冷却剂的净化控制对环境的释放，形成第二道屏障。在燃料元件包壳破损，同时又发生反应堆冷却剂承压边界破损的情况下，裂变产物将释放到安全壳内，安全壳及安全壳系统（如安全壳喷淋系统、安全壳隔离系统）将使裂变产物留在安全壳内，而后通过处理，控制对环境的释放。

纵深防御原则主要通过一系列实体屏障及专设安全设施来实施。对于每一道实体屏障，又要按照纵深防御原则采取一系列措施加以保护，来提高它们的可靠性，防止这些屏障受到过分冲击，防止它们受到损害而失效，并且防止多道屏障相继损坏。

1.3　核安全相关法规

我国核安全法规体系分五个层次：国家法律、国务院行政法规、部门规章、指导性文件和参考性文件。具体法规内容读者可在国家核安全局网站（http://nnsa.mee.gov.cn/）下载。

1.3.1　国家法律

核安全法规体系的第一层次为国家法律，它包括《中华人民共和国核安全法》《中华人民共和国原子能法（征求意见稿）》《中华人民共和国放射性污染防治法》等。

《中华人民共和国核安全法》用来防范、缓解与消除核能及核技术开发与利用中可能发生的核事故风险，进而保护人类和环境免受不当辐射危害。《中华人民共和国核安全法》的一大功能就是调整核能与核技术开发利用的管控关系。一是为安全利用核能，保证核设施、核材料安全；二是为预防与应对核事故；三是为保护涉核人员和公众的安全与健康；四是为保护环境。

《中华人民共和国原子能法（征求意见稿）》是调整和促进原子能事业发展的法律文件。它既规定了原子能事业发展的方针政策，又规定了核安全监督管理的要求，是在原子能领域中具有最高法律效力的文件。在国际上，美国等国家是先颁布原子能法，然后颁布其他和原子能利用相关的法律的。也有一些国家，如法国和日本，都没有出台原子能法。

《中华人民共和国放射性污染防治法》用于防止在核能开发，核技术应用及伴生矿物资源开发、利用过程中由于废气、废液、固体废物排放以及贯穿辐射造成的环境污染，从而达到保护环境和保护公众健康的目的。

1.3.2 国务院行政法规

核安全法规体系的第二层次为国务院行政法规，即国务院颁发的核安全管理条例。这些条例是规定管理范围、管理机构及其职权、监督管理原则及程序等重大问题的规章，具有法律约束力（表 1-1）。

表 1-1 国务院发布的核安全方面的行政法规示例

序号	法规名称	发布施行时间
1	民用核设施安全监督管理条例	1986 年 10 月 29 日发布施行
2	核材料管制条例	1987 年 6 月 15 日发布施行
3	核电厂核事故应急管理条例	1993 年 8 月 4 日发布施行
4	放射性同位素与射线装置安全和防护条例	2005 年 9 月 14 日发布，2005 年 12 月 1 日起施行
5	民用核安全设备监督管理条例	2007 年 7 月 11 日发布，2008 年 1 月 1 日起施行
6	放射性物品运输安全管理条例	2009 年 9 月 14 日发布，2010 年 1 月 1 日起施行
7	放射性废物安全管理条例	2011 年 12 月 20 日发布，2012 年 3 月 1 日起施行

《民用核设施安全监督管理条例》（HAF001），是国家核安全局成立（1984 年）后由国务院颁发的第一项与核安全相关的行政法规。该条例是核安全部门对全国民用核设施执行核安全监督的主要法律依据。它既授权国家核安全局对全国民用核设施安全实施统一监督，独立行使核安全监督权，也明确规定国家实行核设施安全许可证制度，由国家核安全局负责制定和批准颁发核设施安全许可证。

《核材料管制条例》（HAF501101），是为了保证核材料的安全与合法利用，防止被盗、破坏、丢失、非法转让和非法使用，保护国家和人民群众的安全而发布的条例。该条例规定了国家对核材料实施许可证制度，并规定了国家核安全局、国防科工委等部门在核材料管制方面的监督管理责任。对于核电厂而言，核材料许可证在首次装料前的申请，具体由运行部门负责。

《核电厂核事故应急管理条例》(HAF002)，是为加强核电厂核事故应急管理工作，控制和减少核事故危害而发布的条例。该条例及其实施细则规定了核电厂管理单位的应急准备和应急响应活动以及国家政府部门的核事故应急管理职责。在申请核电厂首次装料批准书时，必须向国家核安全局提交核电厂场内应急预案，具体由电厂运行部门负责编制。但在选址阶段必须考虑实施应急预案的可行性，在设计阶段必须落实执行应急预案所需的各种设施。

《放射性同位素与射线装置安全和防护条例》是为了加强对放射性同位素、射线装置安全和防护的监督管理，促进放射性同位素、射线装置的安全应用，保障人体健康，保护环境而制定的条例。

《民用核安全设备监督管理条例》(国务院令　第 500 号)，是为了加强对民用核安全设备的监督管理，保证民用核设施的安全运行，预防核事故，保障工作人员和公众的健康，保护环境，促进核能事业的发展而颁发的条例。该条例所称民用核安全设备，是指在民用核设施中使用的执行安全功能的设备，包括核安全机械设备和核安全电气设备等。

《放射性物品运输安全管理条例》是根据《中华人民共和国放射性污染防治法》制定的。该条例是为了加强对放射性物品运输的安全管理，保障人体健康，保护环境，促进核能、核技术的开发与和平利用。

《放射性废物安全管理条例》是为加强对放射性废物的安全管理，保护环境，保障人体健康，根据《中华人民共和国放射性污染防治法》制定的。

1.3.3 部门规章

核安全法规体系的第三层次为部门规章，由国务院相关部委批准发布，具有法律约束力。其主要包括核安全管理条例的实施细则和核安全规定，前者是针对核安全管理条例规定具体实施办法的规章，后者是规定核安全国家标准和基本安全要求的规章。

《民用核设施安全监督管理条例》（HAF 001）的两个实施细则：

（1）《核电厂安全许可证件的申请和颁发》（HAF001/01，1993 年 12 月）。该实施细则规定了对核电厂实施厂址选择、建造、调试、运行和退役五个阶段的安全管理，并规定了这五个阶段安全许可证件申请和颁发的有关活动和必须遵守的条件。

（2）《核设施的安全监督》（HAF001/02，1995 年 6 月）。该实施细则规定了在核设施各阶段与核安全有关的全部物项和活动的目的、依据、内容以及国家核安全局的监督职责和对营运单位的要求。

核安全规定也是强制执行的法规。对于核电厂的建造和运行来说，必须遵照执行如下规定：

（1）《核电厂质量保证安全规定》（HAF003，1991 年 7 月）。该规定指出核电厂的质量保证必须满足本规定提出的基本要求，规定了制定质量保证大纲的原则、目标、范围和责任。该规定的内容包括质保大纲、实施质保大纲的组织、文件控制、设计控制、采购控制、物项控制、工艺过程控制、检查和试验控制、对不符合项的控制、纠正措施、记录、监察等各个方面。

（2）《核电厂厂址选择安全规定》（HAF101，1991 年 7 月）。该规定提出了陆地上固定式热中子反应堆核电厂厂址选择中在核安全方面应遵循的准则和程序，总的要求是“评价那些与厂址有关的而且必须考虑的因素，以保证核电厂在整个寿期内与厂址的综合影响不致构成不能接受的风险”。

（3）《核动力厂设计安全规定》（HAF102，2016 年 10 月）。该规定提出陆地上固定式热中子反应堆核电厂的核安全原则以及重要安全构筑物、系统和部件设计中必须满足的要求。

（4）《核动力厂运行安全规定》（HAF103，2004 年 4 月）。该规定对陆地固定式热中子反应堆核电厂的运行提出了必须满足的基本要求，规定的内容涉及与核电厂的管理、调试、运行和退役有关的安全问题。

（5）《放射性废物安全监督管理规定》（HAF401，1997 年 11 月）。该规定阐明了放射性废物管理的目标和原则，以及放射性废物的安全监督管理职责和放射性废物安全管理的重要环节。

（6）《民用核安全设备设计制造安装和无损检验监督管理规定》（HAF601，2008 年 1 月）。

（7）《民用核安全设备无损检验人员资格管理规定》（HAF602，2008 年 1 月）。

（8）《民用核安全设备焊工焊接操作工资格管理规定》（HAF603，2008 年 1 月）。

（9）《民用核安全设备监督管理规定》（HAF604，2007 年 12 月）。

1.3.4 指导性文件

核安全法规体系的第四层次为指导性文件。核安全导则是对核安全规定的说明或补充，以及推荐有关方法和程序的指导性文件。核安全导则不是强制执行的文件。通常，在各核安全导则中都会说明可以采用与本导则推荐的不同的其他适宜的方法，但必须向国家核安全局证明所采用的方法具有与本导则相等的安全水平，主要有以下几个方面的导则：

（1）与《核电厂质量保证安全规定》对应的核安全导则；

（2）与《核电厂厂址选择安全规定》对应的核安全导则；

（3）与《核电厂设计安全规定》对应的核安全导则；

（4）与《核电厂运行安全规定》对应的核安全导则；

（5）与《核电厂营运单位的应急准备和应急响应》对应的核安全导则；

（6）与《研究堆营运单位的应急准备和应急响应》对应的核安全导则；

（7）与《核燃料循环设施营运单位的应急准备和应急响应》对应的核安全导则。

1.3.5 参考性文件

核安全法规体系的第五层次为参考性文件。国家核安全局发布了一系列有关核安全的技术文件，作为参考性文件。技术文件一般为经翻译转化的IAEA颁发的技术文件，或针对某个具体的核设施项目或核安全活动提出的技术见解等文件。

复习思考题

1. 目前中国大陆的人均电力消费是多少瓦？目前美国的人均电力消费是多少瓦？

2. 一个100万kW电功率的反应堆运行1年后停堆，请问停堆3天后的反应堆的热功率有多大？

3. 目前我国与核安全相关的国家法律有哪些？

4. 核电厂的基本安全目标是什么？

5. 核电厂典型的定量安全目标“两个千分之一”分别是什么？

第 2 章　核电厂设计安全

国家核安全局制定并发布《核动力厂设计安全规定》(HAF 102—2016)，是为了从设计上实现核电厂的安全运行，防止或减轻可能危及安全的事件后果。对核电厂安全重要的构筑物、系统和部件的设计，以及规程和组织流程所必须满足的要求进行了规定。

2.1　核电厂安全目标和纵深防御概念

核电厂的基本安全目标是在核电厂中建立并保持对放射性危害的有效防御，以保护人与环境免受放射性危害。

核电厂为了实现这个基本安全目标，首先需要确保核电厂在运行状态时对人员的辐射照射和向环境释放的放射性物质得到控制，并限制核电厂反应堆堆芯、乏燃料、放射性废物或任何其他辐射源失控事件发生的可能性。如果上述事件发生了，需要有相应的措施来减轻这些事件产生的后果。

为了实现基本安全目标，辐射防护设计必须保证在所有运行状态下核电厂内的辐射照射或由于该核电厂任何计划排放放射性物质引起的辐射照射低于规定限值，且可合理达到尽量低水平。同时，还应采取措施减轻任何事故的放射性后果。辐射防护设计必须使得核电厂所有辐射照射的来源都处于严格的技术和管理措施控制之下。但不排除人员受到有限的照射，也不排除法规许可数量的放射性物质从处于运行状态的核电厂向环境的排放。此种照射和排放必须受到严格控制，并符合运行限值和辐射防护标准，且可合理达到尽量低水平。

安全设计上要防止反应堆堆芯或其他辐射源失控引起有害后果的事

故，并在发生事故时减轻后果；保证在设计中考虑的所有事故的放射性后果都低于相关限值，并保持在可合理达到的尽量低的水平；保证有严重放射性后果的事故发生的可能性极低，并尽最大可能减轻这种事故的放射性后果。

2.1.1 纵深防御

防止核电厂发生事故和减轻事故后果的主要手段是应用纵深防御概念。该概念贯彻于安全有关的全部活动，涉及核电厂各种功率及停堆状态下有关的组织、人员行为或设计，以保证这些活动均置于各种独立的、不同层次措施的防御之下。即使有一种故障发生，它将由适当的措施探测、补偿或纠正。在整个设计和运行中贯彻纵深防御，以应对厂内设备故障或人为因素引起的各种预计运行事件和事故，以及外部事件引起的后果。

纵深防御概念的应用主要是通过一系列连续和独立的防御层次的结合，防止事故对人员和环境造成危害。如果某一层次的防护失效，则由后一层次提供保护。每一层次防御的独立有效性都是纵深防御的必要组成部分。

第一层次防御的目的是防止偏离正常运行及防止安全重要物项的故障。这一层次要求：按照恰当的质量水平和经验证的工程实践，正确并保守地选址、设计、建造、维修和运行核电厂。为此，应十分注意选择恰当的设计规范和材料，并对部件的制造、核电厂的建造和调试进行质量控制。在这一层次，降低内部危险可能性的设计措施有助于事故的预防。此外，还应重视涉及设计、制造、建造、在役检查、维修和试验的过程和规程，以及进行这些活动时良好的可达性、核电厂的运行方式和运行经验的利用等方面。整个过程以确定核电厂运行和维修要求及质量管理要求的详细分析为基础。

第二层次防御的目的是检测和控制偏离正常运行状态，以防止预计运行事件升级为事故工况。尽管注意预防，核电厂在其寿期内仍然可能发生某些假设始发事件。这一层次要求在设计中设置特定的系统和设施，通过安全分析确认其有效性，并制定运行规程以防止这些始发事件的发生，或尽量减小其造成的后果，使核电厂回到安全状态。

设置第三层次防御是基于以下假定：尽管极不可能，某些预计运行事件或假设始发事件的升级仍有可能未被前一层次防御所制止，而演变成事故。在核电厂的设计中，假定这些事故会发生。这就要求必须通过固有安全特性和（或）专设安全设施、安全系统和规程，防止造成反应堆堆芯损伤或需要采取场外干预措施的放射性释放，并能使核电厂回到安全状态。

第四层次防御的目的是减轻第三层次纵深防御失效所导致的事故后果。通过控制事故进展和减轻严重事故的后果来实现第四层次的防御。安全目标是，在严重事故下仅需要在区域和时间上采取有限的防护行动，避免场外放射性污染或将其减至最小。这要求可能导致早期放射性物质释放或者大量放射性物质释放的事件序列被实际消除。

第五层次，即最后层次防御的目的是减轻可能由事故工况引起的潜在放射性释放造成的放射性后果。该层次要求配备恰当的应急设施，制定用于场内、场外应急响应的应急预案和应急程序。

纵深防御的各层次之间必须尽实际可能地相互独立，避免一个层次防御的失效降低其他层次的有效性。设计必须应用纵深防御概念，提供多层次防御，预防可能对人与环境产生有害影响的事故后果，并保证在防护失效时，采取适当措施保护人与环境，减轻事故后果。

设计必须适当考虑这样的事实：当缺少某一层次防御时，多层次防御的存在并不能作为继续运行的基础。纵深防御的各层次必须总是可用的，对任何特定运行模式下的放松都必须进行论证。

必须设置多道实体屏障，阻止放射性物质向环境的释放；必须采用保守的设计和高质量的建造，以保证核电厂的故障和偏离正常运行的状况减至最少，保证尽实际可能地预防事故，保证核电厂不存在陡边效应；必须利用固有特性和工程设施控制核电厂的行为，尽可能减少或排除那些需要启动安全系统的故障和偏离正常运行的状况；必须对核电厂提供附加控制，这些附加控制采用安全系统的自动触发，以能够高置信度地控制那些超出控制系统能力的故障和偏离正常运行的状况，并使得早期阶段对操纵员动作的需求减至最少；必须提供构筑物、系统和部件及规程，以控制超出安全系统能力的故障和偏离正常运行的进程，并尽实际可能地限制其后果；必须提供多种手段来保证实现每项基本安全功能，从而保证各道屏障的有效性，并减轻任何故障和偏离正常运行的后果。

为了贯彻纵深防御概念，设计必须尽实际可能地防止：

（1）出现影响实体屏障完整性的情况；

（2）一道或多道屏障失效；

（3）一道屏障因另一道屏障的失效而失效；

（4）运行和维修差错产生有害后果的可能性。

在核电厂运行寿期内，设计必须尽实际可能地使第一层次防御至多第二层次防御能够阻止可能发生的所有故障或偏离正常运行升级为事故工况。用于设计扩展工况的安全设施（如用于减轻燃料熔化事故后果的设施）应尽实际可能地与安全系统独立。

2.2 核电厂安全管理与技术要求

2.2.1 安全管理要求

营运单位必须保证提交国务院核安全监管部门的设计符合所有适用的安全要求。所有从事与核电厂安全设计重要活动相关的组织，包括设计单位，都有责任保证将安全事务放在最优先的位置。

必须制定和实施描述核电厂设计的管理、执行和评价的总体安排的质量保证大纲。该大纲包括保证核电厂每个构筑物、系统和部件以及总体设计的设计质量的措施，包括确定和纠正设计缺陷、检验设计的恰当性和控制设计变更的措施。

设计，包括变更、修改或安全改进，必须按照合适的工程规范和标准所确定的程序进行，并体现适用的要求和设计基准，必须确定和控制设计接口。

设计（包括设计手段和设计输入与输出）的恰当与否，必须由原先从事此工作的人员以外的个人或团体进行验证和确认。在设计和建造过程中应尽早完成验证、确认和批准，最迟不晚于核电厂首次装料。

营运单位对安全负全面责任。营运单位必须建立一套正式的体系，在整个寿期内始终保证核电厂设计的安全和完整性。

为便于安全分析报告、设计手册和其他设计文件等详细的设计资料转移至营运单位，应尽早设立全面负责设计过程的部门，并制定管理流程，在营运单位的管理体系内负责核电厂设计的安全和完整性。

核电厂的设计工作可以由许多组织分担：工程公司、反应堆及其辅助系统供应商、主要设备供应商、电气系统的设计单位以及对核电厂安全重要的其他系统的供应商等。营运单位必须对委托给外部组织的设计活动进行管理。

全面负责设计过程的部门必须保证核电厂设计满足安全性、可靠性和质量方面的验收准则。这些准则符合相关的法律法规和标准规范。必须建立并明确工作范围和职责，以保证：①设计符合目标，并满足防护和安全最优化的要求，使辐射风险保持在可合理达到的尽量低的水平；②持续保证设计安全的方式包括设计验证、确定工程规范和标准及要求、采用经验证的工程实践、提供建造经验反馈、批准重要工程文件、开展安全评价和构建安全文化；③安全运行、维修（包括合适的试验周期）和修改所需的设计资料应该是可用的，设计资料应适当考虑以往的运行经验和经验证的研究成果，并由营运单位维护在最新状态；④保持对设计要求和状态控制的管理；⑤建立和控制责任设计者和参与设计工作的供应商之间必要的接口；⑥营运单位需维护必要的工程专业资料和科技资料；⑦所有设计变更都经过审查、验证、形成文档并批准；⑧维护充分的文件，以便今后开展核电厂退役工作。

2.2.2 主要技术要求

核电厂的基本安全功能：

（1）控制反应性；

（2）排出堆芯余热，导出乏燃料贮存设施所贮存燃料的热量；

（3）包容放射性物质、屏蔽辐射、控制放射性的计划排放，以及限制事故的放射性释放。

必须用全面、系统的方法来确定完成基本安全功能所必需的安全重要物项，以及在核电厂所有状态下用于实现或影响基本安全功能的固有特性。必须提供对核电厂状态进行监测的手段，以保证实现所要求的安全功能。

设计必须保证工作人员和公众在整个寿期内受到的辐射剂量，在运行状态下不超过剂量限值，在事故工况下不超过可接受限值，并可合理达到尽量低的水平。

设计必须实际消除可能导致高辐射剂量或大量放射性物质释放的核电厂状态，并必须保证发生可能性较高的核电厂状态没有或仅有微小的潜在放射性后果。

基于辐射防护目的，必须制定与核电厂各类状态相对应且符合监管要求的可接受限值。

设计必须保证核电厂及其安全重要物项具有合适的性能，以保证其能可靠地执行安全功能；在设计寿期内核电厂能够在运行限值和条件范围内安全运行，并能够安全退役；对环境的影响最小。

设计必须保证满足营运单位的安全要求，满足国务院核安全监管部门和相关法律法规的要求，并适当考虑营运单位人员的能力与局限性，以及可能影响人员行为的各种因素。必须提供充分的设计资料，保证核电厂的安全运行和维修，并允许以后能对核电厂状况进行修改。同时推荐可纳入核电厂管理规程和运行规程的实践（运行限值和条件）。

设计必须适当考虑其他核电厂在设计、建造和运行过程中获得的相关经验，以及相关的研究成果。

设计必须适当考虑确定论安全分析和概率论安全分析的结果，保证已经适当考虑了事故的预防和事故后果的缓解。

设计必须保证采用合适的设计措施以及运行和退役实践，使产生和排放的放射性废物活度和体积达到实际可行的尽量低水平。

必须设置实物保护措施，即核安保措施，包括实物保护系统和相关管理措施，以防止、探测和应对涉及核材料和核电厂相关设施的偷窃、蓄意破坏、未经授权的接触、非法转让或其他恶意行为，以及防范恐怖分子获取材料、破坏核电厂等。

应根据保护目标的重要程度和潜在风险确定核电厂实物保护的等级，并按照确定的等级进行实物保护系统设计。应合理布置核电厂的控制区、保护区和要害区，实现分级保护，并为各区配备相应的设施和设备。

实物保护系统必须考虑出入口控制、探测、报警、集中控制、照明、通信、供电和巡更等方面，并设置多重实体屏障。

核电厂应配备武警或守卫，制定实物保护相关管理程序，使得管理措施与技防措施有机结合，以保证实物保护系统的完整、可靠与有效。

应对实物保护设计方案进行风险分析和有效性评估。

必须以统筹兼顾的方式设计和实施核电厂的核安全措施、核安保措施及国家核材料衡算和控制体系，以免其相互制约。

核电厂须采用经验证的工程实践。必须鉴别和评价用于核电厂安全重要物项设计准则的规范和标准，以确定其适用性、恰当性和充分性，并根据需要进行补充或修改，以保证设计质量与所需的安全功能相适应。

核电厂的安全重要物项必须是此前在相当使用条件下验证过的，否则该物项必须具有较高的质量且其技术经过鉴定或试验。

当引入未经验证的设计或设施，或存在偏离已有工程实践的情况时，必须借助适当的支持性研究计划、特定验收准则的性能试验，或通过其他相关应用中获得的运行经验的检验，来证明其安全性是合适的。新的设计、设施或实践必须在投入使用前经过充分的试验，并在使用中进行监测，以验证达到了预期效果。

关于核电厂的安全评价，HAF 102—2016 规定，必须在核电厂的整个设计过程中进行全面的确定论安全评价和概率论安全评价，以保证在核电厂寿期内的各个阶段满足全部设计安全要求，并确认在竣工、运行和修改时交付的设计满足制造和建造的要求。

设计过程中必须尽早开展安全评价。随着设计和确认性分析活动的不断迭代，安全评价的范围和详细程度随着设计计划的进展不断地扩大和提高。必须将安全评价形成文件以便独立评估。

2.3 核电厂安全的设计要求

2.3.1 核电厂状态

在核电厂的设计中，必须确定核电厂状态并主要按发生频率将核电厂状态分成有限的几类。

核电厂状态通常包括：

（1）正常运行；

（2）预计运行事件，即在核电厂运行寿期内预计会发生的事件；

（3）设计基准事故；

（4）设计扩展工况，包括堆芯熔化事故。

必须为每类核电厂状态确定准则，使得发生频率高的核电厂状态必须没有或仅有微小的放射性后果，而可能导致严重后果的核电厂状态的发生频率必须很低。

安全重要物项的设计基准，必须针对有关的运行状态、事故工况以及由内部和外部危险导致的工况，详细说明其必需的能力、可靠性和功能，以在核电厂整个寿期内满足特定的验收准则。

必须系统地论证安全重要物项设计基准的合理性，并形成文件。这些文件必须能为营运单位安全运行核电厂提供必要的信息。

2.3.2　设计限值

针对运行状态和事故工况，必须为安全重要物项规定一套相应的设计限值。设计限值必须符合核安全法规和相关的监管要求。

2.3.3　假设始发事件

必须使用系统化的方法确定一套全面的假设始发事件，以在设计中考虑所有可预见的具有严重后果的事件和发生频率高的事件。

必须在工程判断、确定论和概率论评价相结合的基础上确定假设始发事件。必须论证确定论安全分析和概率论安全分析的应用范围，以表明已考虑所有可预见的事件。

假设始发事件必须包括在各种功率及停堆状态下，所有可预见的核电厂构筑物、系统和部件失效，人员差错，以及内部和外部危险可能引起的失效。

必须对假设始发事件进行分析，以确定为执行所要求的安全功能提供必需的预防和缓解措施。

核电厂对任何假设始发事件的预期响应，必须是下列可合理达到的情况（按优先顺序）：

（1）依靠核电厂的固有特性，使假设始发事件不会对安全产生重大影响，或只使核电厂产生趋向于安全状态的变化；

（2）发生假设始发事件后，可借助非能动安全设施或在此状态下连续运行的系统的作用，控制该事件，使核电厂趋于安全；

（3）发生假设始发事件后，可借助为响应该事件而必须投入运行的那些安全系统的作用，使核电厂趋于安全；

（4）发生假设始发事件后，可借助执行专门规程使核电厂趋于安全或使核电厂状态得到控制。

在核电厂总体安全评价和详细分析中，用于确定安全重要物项性能要求的假设始发事件，必须划分成若干具有代表性的事件序列。这些具有代表性的事件序列包括所有同类事件，并为安全重要物项的设计和运行限值提供基准。

在设计中从已确定的假设始发事件清单中排除某一假设始发事件，必须提供技术论证。

对于需要立即采取可靠响应行动的假设始发事件，设计必须有自动安全动作来启动所需的安全系统，以防发展为更严重的工况。

对于不需要立即采取响应行动的假设始发事件，允许依靠手动启动系统或操纵员的其他动作。从探测到异常事件和事故到采取行动之间必须有足够的时间，以及有适当的规程（如管理规程、运行规程和应急规程），以保证这些行动的执行。必须对因操纵员错误操作或错误诊断而导致事故序列恶化的可能性作出评价。

如果假设始发事件发生后，需要操纵员的行动来诊断核电厂的状态并使核电厂及时进入长期稳定停堆工况，则必须设置适当的仪表以有利于监测核电厂的状态，同时设置适当的控制措施，以便对设备进行手动操作。

设计必须确定必要的设备及所需的规程，以保持对核电厂的控制并减轻丧失控制的后果。

手动响应和恢复过程所需的任何设备，必须放置在最合适的位置，以保证需要时可用和在预期环境条件下允许人员安全可达。

须识别所有可预见的内部和外部危险，包括潜在的可能直接或间接影响核电厂安全的人为事件，并评价其影响。在确定核电厂布置的设计和有关的安全重要物项的设计中使用的假设始发事件及其产生的荷载时，必须考虑内部和外部危险的影响。

设计和布置安全重要物项，必须考虑其安全重要性，使其能够承受内部和外部危险的影响，或防御内部和外部危险及其产生的共因失效，同时适当考虑对安全的其他影响。

对多机组厂址，设计必须适当考虑特定危险同时影响厂址上若干或所有机组的可能性。

设计必须适当考虑内部危险，如火灾、爆炸、水淹、飞射物、结构坍塌和重物坠落、管道甩击、喷射流冲击以及来自破损系统或现场其他设施的流体释放。必须提供适当的预防和缓解措施，以保证安全不受损害。

设计必须适当考虑在厂址评价过程中识别的自然和人为外部事件（源于场外的事件）。在假定可能的危险时，必须考虑其发生的原因和可能性。在短期内，核电厂的安全不能依赖于诸如电力供应和消防服务等场外服务。设计必须适当考虑厂址的特定情况，以确定场外服务就位需要的最大延迟时间。

必须采取措施，使得设计基准外部事件发生时，包含有安全重要物项（包括动力电缆和控制电缆）的厂房与其他核电厂结构部件之间的相互影响最小。

核电厂设计必须提供适当的裕量，在设计基准外部危险（由厂址危险性评价确定的）发生时保护安全重要物项，并避免产生陡边效应。在超设计基准自然灾害事件发生时，保护用于防止早期放射性物质释放或大量放射性物质释放所需的物项。

必须规定核电厂安全重要物项的设计规范，并必须使其符合核安全法规和相关的监管要求，以及经验证的工程实践，同时适当考虑其与核电厂技术的相关性。

设计必须采用保证稳健性的方法，必须遵循经验证的工程实践，以保证在所有运行状态和事故工况下执行基本安全功能。

2.3.4　安全运行的运行限值和条件

设计必须为核电厂安全运行确定一套运行限值和条件。

核电厂设计中确定的要求，以及运行限制和条件必须包括：

（1） 安全限值；

（2） 安全系统整定值；

（3） 正常运行限值和条件；

（4） 工艺变量和其他重要参数的控制系统限制和规程限制。

对核电厂的监督、维修、试验和检查确定必要的要求，以保证各构筑物、系统和部件执行设计中预定的功能，并使辐射风险保持在可合理达到的尽量低的水平；规定的运行限制，包括在安全系统或安全相关系统不可用时的运行限制；行动说明，包括在响应偏离运行限值和条件时所采取行动的完成时间。

2.3.5 设计基准事故

必须根据假设始发事件清单得出一套设计基准事故，用于设定核电厂需承受的边界条件，以保证满足辐射防护限值。

必须使用设计基准事故来确定控制设计基准事故所必需的安全系统和其他安全重要物项的设计基准，包括性能准则等，目的是使核电厂返回到安全状态，减轻事故后果。

针对设计基准事故工况，设计必须使核电厂关键参数不超出规定的设计限值。基本目标是控制所有的设计基准事故以使厂内、厂外没有或仅有微小的放射性后果，并且无须采取任何厂外防护行动。

必须用保守的方法来分析设计基准事故。该方法包括在分析中假定安全系统的某些故障模式，规定设计准则，采用保守的假设、模型和输入参数等。

2.3.6 设计扩展工况

必须在工程判断、确定论和概率论评价的基础上得出一套设计扩展工况，目的是增强核电厂对于比设计基准事故更严重的或包含多重故障的事故的应对和承受能力，避免不可接受的放射性后果，进一步改进核电厂的安全性。设计必须考虑这些设计扩展工况来确定额外的事故情景，并针对这类事故制定切实可行的预防和缓解措施。

必须对核电厂开展设计扩展工况分析。设计扩展工况的主要技术目标是预防核电厂发生超过设计基准事故的事故工况，或合理可行地减轻这类事故工况的后果。这可能会要求增设附加的用于设计扩展工况的安全设施，或扩展安全系统的能力，来预防严重事故的发生或减轻严重事故的后果，或保持安全壳的完整性。这些附加的用于设计扩展工况的安全设施或用于能力扩展的安全系统，必须保证具有控制事故工况的能力，这些事故工况可能导致安全壳内存在大量放射性物质（包括来自堆芯严重损伤所释放的放射性物质）。必须保证核电厂能进入可控状态并维持安全壳功能，从而实际消除导致早期放射性物质释放或大量放射性物质释放的核电厂状态发生的可能性。相关的分析可采用最佳估算方法。

必须使用设计扩展工况来确定安全设施和其他安全重要物项的设计规格书，这些设施和物项用于预防此类工况的发生或在此类工况发生后用于控制和减轻其后果。

所开展的分析必须包括确定用于或能够预防设计扩展工况并减轻其后果的设施。这些设施需满足如下要求：

（1）必须尽实际可能与发生频率更高的事故中使用的设施保持独立；

（2）必须能在设计扩展工况对应的环境条件中执行预期功能；

（3）必须有与要求其实现的功能相符的可靠性。

安全壳及其安全设施必须能够承受包括堆芯熔化在内的极端事故情景。必须依据工程判断和概率安全评价结果来选择这些事故情景。

设计必须做到实际消除导致早期放射性物质释放或大量放射性物质释放的核电厂工况发生的可能性。

对于设计扩展工况，保护公众所采取的防护行动在持续时间和范围上必须是有限的，并必须有足够的时间来采取这些防护行动。

如果工程判断、确定论安全分析和概率论安全分析的结果都表明事件组合将可能导致预计运行事件或事故工况，则必须主要根据其发生的可能性，将这些事件组合纳入设计基准事故或设计扩展工况。某些事件可能是其他事件的后果，如地震后的水淹，这种继发效应应被视为初始假设始发事件的一部分。

如果核电厂所处的地形条件使其有可能遭受商用飞机的恶意撞击，则设计上应考虑这种撞击的影响。

应合理选定用于评价撞击影响的商用飞机的机型，并根据这种机型起降的机场与核电厂的相对距离，来确定可能的飞机燃料装载量。

可根据核电厂所处的地形条件和厂房布置，确定可能的撞击角度和速度，并采用现实模型来评价和确定核电厂抗商用飞机撞击的措施。

评价结果应表明设计可以维持反应堆堆芯的冷却或安全壳的完整性，以及乏燃料的冷却或乏燃料水池的完整性。

2.3.7　安全系统的设计原则

必须通过实体隔离、电气隔离、功能独立和通信（数据传输）独立等适当手段，防止安全系统之间或一个系统的冗余组成部分之间发生相互干扰。

在核电厂安全系统中相互冗余的设备（包括电缆和电缆管道）必须易于识别。必须识别所有安全重要物项，并根据其功能和安全重要性对其进行分级。划分安全重要物项的安全重要性的方法，必须主要基于确定论方法，并适当辅以概率论方法。使用概率论方法时，应考虑以下因素：

（1）该物项要执行的安全功能；

（2）未能执行其安全功能的后果；

（3）需要该物项执行某一安全功能的可能性；

（4）假设始发事件发生后，需要该物项执行某一安全功能的时刻或持续时间。

设计必须防止物项之间的相互影响，以保证划分为较低级别的物项中的任何故障不会蔓延到划分为较高级别的物项，从而保证安全功能的执行。

对于执行多个功能的设备，必须按照其执行的最重要功能划分其安全等级。安全重要物项的可靠性必须与其安全重要性相适应。

安全重要物项的设计，必须保证设备可鉴定、采购、安装、调试、操作及维修，使其能够承受该物项设计基准中规定的所有工况，并具有足够的可靠性和有效性。

选择设备时必须考虑误动作与不安全的故障模式。必须优先选择具有可预见的和已揭示的故障模式的设备，且该设备便于修理或更换。

设备的设计必须适当考虑安全重要物项发生共因故障的可能性，以确定应该如何应用多样性、多重性、独立性原则来实现所需的可靠性。

必须对核电厂设计中所包括的每个安全组合都应用单一故障准则。当把单一故障准则应用于一个安全组合或安全系统时，必须将误动作视为故障的一种模式。不符合单一故障准则的情况必须是极个别的，并必须在安全分析中明确证明是正当的。

设计必须适当考虑非能动部件的故障，除非能够在具有高置信度的单一故障分析中证实：该部件的故障极不可能发生，并保证其功能不受到假设始发事件的影响。

必须恰当地考虑故障安全设计原则，并贯彻到核电厂安全重要系统和部件的设计中。在适用时，应将安全重要系统和部件设计为故障安全，使其自身的故障或支持设施的故障不妨碍预定安全功能的执行。

支持系统和辅助系统用于保证构成安全重要系统部分的设备可运行性时，必须相应地分级。

支持系统和辅助系统的可靠性、多重性、多样性和独立性，以及用于其隔离和功能试验的措施，必须与其所支持的系统的安全重要性相适应。

不允许支持系统和辅助系统的任意一个的失效，同时影响安全系统的多重部件或执行多样化安全功能的安全系统。

设计应保证安全重要物项能够进行标定、试验、维护、修理或更换、检查和监测，以在设计基准规定的所有条件下保证其执行功能的能力并保持功能的完整性。

核电厂布置必须便于执行标定、试验、维护、修理或更换、检查和监测等活动。这些活动能够按照相关的规范和标准执行，并必须与所执行的安全功能的重要性相一致，且工作人员不至于受到过量的照射。

在功率运行期间，设计必须使安全重要物项在进行标定、试验或维护时各系统安全功能的可靠性没有显著降低。设计必须考虑在停堆期间实施安全重要物项标定、试验、维护、修理、更换或检查的有关措施，以便在开展这些活动时相关物项所执行的安全功能的可靠性没有显著降低。

如果某项安全重要物项的设计不能满足试验、检查或监测的要求，必须采取下列方法以说明其正当性：

（1）指定其他经过验证的替代方法和（或）间接方法，如监视参考物项的试验，或使用经过验证和确认的计算方法；

（2）采用保守的安全裕度或其他适当的预防措施，以应对可能预计不到的故障。

必须采用安全重要物项的鉴定程序来确认核电厂安全重要物项，这些物项能够在其整个设计寿期内以及支配性环境条件下执行必要的预期功能，这里考虑的环境条件包括核电厂的维修和试验。

在核电厂安全重要物项的鉴定程序中，所考虑的环境条件必须包括核电厂设计基准中所预期的周围环境条件的变化。

安全重要物项鉴定程序必须考虑安全重要物项预期寿期内由各种环境因素（如振动、辐照、湿度、温度）引起的老化效应。对于易遭受到外部自然事件的影响并需要在这种事件中及事件后执行其安全功能的安全重要物项，鉴定程序必须通过试验、分析或者两者的结合的方式，尽可能地复现安全重要物项所经受的工况。

在鉴定程序中必须考虑合理可预计的环境条件，以及可能由特定运行工况（如安全壳泄漏率定期试验）引起的异常环境条件。在可能的范围内，应该以合理的可信度表明在严重事故中必须运行的设备（如某些仪表）能够达到设计要求。

必须确定核电厂安全重要物项的设计寿命。设计必须提供适当的裕度，以考虑有关老化、中子辐照脆化和磨损机理，以及与服役年限有关的性能劣化的可能性，从而保证安全重要物项在其整个设计寿期内执行所必需的安全功能的能力。

必须考虑在所有正常运行状态（包括试验、维修和维修停役以及在假设始发事件中及其后的核电厂状态）下的老化和磨损效应。

必须采取监测、试验、取样和检查措施，以评价设计阶段预计的老化机理，以及识别在使用中可能发生的未预期到的行为或性能劣化。

必须在核电厂设计过程初期就系统地考虑人为因素（包括人机接口），并贯彻到设计全过程。

必须规定运行人员的最低配置，以满足核电厂进入安全状态所需全部同步操作的要求。

应尽实际可能地促使有类似核电厂运行经验的运行人员积极参与设计过程，以保证在设计过程中尽早考虑未来的运行和设备维护的需求。

设计必须支持运行人员履行职责和执行任务，并必须限制操作差错的可能性及其对安全造成的影响。设计过程必须适当考虑核电厂布置、设备布置以及包括维修程序和检查程序在内的有关程序，以便在核电厂各种状态下保证运行人员和核电厂之间的互动。

人机接口的设计必须能按照决策所需时间和行动所需时间给操纵员提供全面且易于管理的信息。向操纵员提供的决策和行动所需的信息必须简洁明了且无歧义。

必须向操纵员提供能够进行下列工作的必要信息：

（1）评估核电厂在任何工况下的总体状态；

（2）在系统和设备规定的参数限值（运行限值和条件）内运行核电厂；

（3）确认启动安全系统所需的安全动作在需要时自动触发，且相关系统按预期要求执行功能；

（4）确定手动启动特定安全动作的必要性和时间。

在适当考虑可用时间、预期工况和操纵员心理压力的情况下，设计必须有利于操纵员动作的成功执行。

必须把对操纵员在短时间内进行干预的需求降至最低，并必须证明操纵员有足够的时间作出决策和采取行动。

设计必须能够保证当某一影响核电厂的事件发生后，控制室或辅助控制室以及通往辅助控制室的通道的环境条件不会损害运行人员的防护措施和安全。

运行人员的工作场所和工作环境的设计必须符合工效学概念。

在适当阶段必须对与人为因素有关的特性进行验证和确认（包括使用模拟机），以确认操纵员确需采取的动作，并确认这些动作能够正确执行。

2.3.8 其他设计考虑

多机组核电厂中的每台机组，必须具备各自的安全系统和用于设计扩展工况的安全设施。为进一步提高安全性，设计应适当考虑允许采取多机组核电厂各机组间相互连接的手段。

核电厂中所有可能含有易裂变或放射性物质的系统的设计，必须能够：①防止可能导致放射性物质不受控制地向环境释放的事件发生；②防止出现意外临界和过热；③保证放射性物质释放量在正常运行工况下保持在允许的排放限值内，在事故工况下保持在可接受的限值内，并可合理达到尽量低的水平；④便于减轻事故的放射性后果。

与热利用装置（如区域集中供热）和（或）海水淡化装置连接的核电厂的设计，必须能够防止在运行状态和事故工况下放射性核素从核电厂迁移到海水淡化装置或区域集中供热装置。

核电厂内必须设置足够数量的撤离路线。这些路线必须具有持久醒目的标识，并配备可靠的应急照明、通风和其他辅助设施。

撤离路线必须符合辐射分区、防火、工业安全，以及核电厂安保方面的有关要求。设计中考虑的内、外部事件或多个事件的组合发生后，必须至少有一条路线可供位于场区内工作场所和其他区域的人员撤离。

必须在整个核电厂范围内设置有效的通信手段，以有助于所有正常运行模式下的安全运行，并在所有假设始发事件后和在事故工况下可用。必须设置适当的警报系统和通信手段，以便在各种运行状态下和事故工况下，所有在核电厂现场和厂区的人员都能得到警报和指令。必须设置适当且多样化的通信手段，以满足在核电厂范围内和毗邻区域的安全所需，以及与相关场外机构进行通信的需要。

必须适当布置各种构筑物，使核电厂与其周围环境隔离，并控制核电厂的出入口。必须在厂房设计和厂区布置时，采取必要的措施控制运行人员和（或）设备（包括应急响应人员和车辆）进出核电厂，并必须考虑防止未经授权的人员和物品进入核电厂。

必须防止未经批准接近或干扰安全重要物项，包括计算机硬件和软件。如果存在要求核电厂安全重要系统同时运行的情况，必须评价其可能的不利相互作用，并必须防止　……　响。在安全重要系统可能的不利相互作用分析中，　……　连接，以及一个系统的运行、误操作或故障对其他　……　响，以保证环境条件的变化不会影响系统或部件执行　……

如果两个安全重要　……　不同的压力下运行，则两个系统都必须设计成能够　……　采取措施防止在较低压力下运行的系统出现超出其　……

核电厂安全重要物项　……　（包括预期的电网电压和频率变化）的影响。

2.3.9 核电厂安全分析要求

必须对核电厂的设计进行安全分析，在分析中必须采用确定论和概率论的安全分析方法来论证在核电厂各类状态下是否安全。

在安全分析的基础上，必须确认安全重要物项的设计基准，以及其与始发事件和事件序列的联系。必须论证所设计的核电厂能够满足各类运行状态下批准的排放限值和剂量限值，并能够满足事故工况下的可接受限值。

安全分析必须保证在核电厂设计中已实施纵深防御。

安全分析必须保证在核电厂设计中适当考虑了不确定性。尤其是应有适当的裕量，以避免出现陡边效应以及早期放射性物质释放或大量放射性物质释放。

必须基于当前状态或竣工状态，更新和验证核电厂设计中所采用的各项分析假设、方法的适用性和保守程度。

确定论安全分析方法必须包括：

（1）制定和确认所有安全重要物项的设计基准；

（2）表征与核电厂设计和厂址相适应的假设始发事件；

（3）分析和评价假设始发事件导致的事件序列，以确认鉴定要求；

（4）将分析结果与验收准则、设计限值、剂量限值以及可接受限值进行比较，以满足辐射防护要求；

（5）论证通过安全系统的自动响应并结合所规定的操纵员动作，能够管理预计运行事件和设计基准事故；

（6）论证通过安全系统的自动响应和利用安全设施功能并结合预期的操纵员动作，能够管理设计扩展工况。

设计必须适当考虑核电厂所有运行模式和所有状态（包括停堆工况）下的概率论安全分析，特别是：

（1）论证整个设计是平衡的，没有任何一个设施或假设始发事件对总的风险会有过大的或明显不确定的贡献，且纵深防御的各层次应尽实际可能独立；

（2）确认核电厂不存在陡边效应；

（3）将分析结果和已规定的风险准则进行比较。

2.4 核电厂系统设计要求

设计必须使核电厂燃料元件和燃料组件能够保持结构完整性，并在考虑运行状态下所有可能导致其性能劣化的因素后，能够承受预期的堆内辐照和环境条件。

需考虑如下原因引起的性能劣化：

（1）膨胀差和形变差。

（2）冷却剂外压。

（3）燃料元件内裂变产物叠加氦气导致的附加内压。

（4）燃料组件中燃料和其他材料的辐照效应。

（5）功率变化引起的温度和压力变化。

（6）化学效应。

（7）静态和动态载荷，包括流致振动和机械振动。

（8）由于变形和化学效应导致的传热性能变化。设计必须为数据、计算和制造中的不确定性因素留有裕量。

燃料设计限值必须包括预计运行事件中容许的燃料裂变产物泄漏量限值，从而使燃料仍能继续使用。

燃料元件和燃料组件必须能够承受燃料吊装过程中的载荷和应力。

在运行工况以及除严重事故外的其他事故工况下，设计必须使核电厂燃料元件和燃料组件及其支撑件能够维持可冷却的几何形状且不妨碍控制棒插入。

在核电厂各种状态（包括停堆后、换料期间和换料后、预计运行事件和未导致堆芯严重损伤的事故工况）下，堆芯中子注量率分布必须具有固有稳定性。堆芯设计应尽量减少依赖控制系统使中子注量率分布、水平和稳定性在各种运行状态下保持在规定限值内。

必须提供用于检测堆内中子注量率分布以及变化的适当方法，保证堆芯内不存在任何超过设计限值的部位。

反应性控制装置的设计，必须适当考虑磨损以及辐照效应（如燃耗、物理特性的变化和气体的产生）。

在运行状态和未导致反应堆堆芯严重损伤的事故工况下，必须对最大的正反应性引入量及其引入速率加以限制，以保证不致引起反应堆压力边界失效，维持堆芯冷却能力和防止反应堆堆芯严重损伤。

必须提供在运行状态和事故工况下安全停堆的手段。必须保证即使在堆芯具有最大反应性的情况下，仍能维持停堆状态。

停堆手段的有效性、动作速度和停堆深度必须足以保证不超出规定的燃料设计限值。

判断停堆手段是否足够时，必须考虑发生在核电厂任何部位的、可导致一部分停堆手段失灵（如控制棒插入故障）或可能引起共因故障的故障。

反应堆停堆手段必须至少由两个多样化且独立的系统组成。

即使是在堆芯处于反应性最大的状态下，也必须保证至少有一个系统能够独立地以足够的深度和高可靠性使反应堆保持次临界状态。

停堆手段必须足以防止在停堆期间、换料操作期间或停堆状态下其他例行或非例行操作期间，出现的任何可预见的反应性增加而导致的意外临界。

必须设置仪表并规定各项试验，以保证停堆手段总是处于所规定的状态。

2.4.1 反应堆冷却剂系统

核电厂反应堆冷却剂系统部件的设计和制造，必须具有高质量的材料、恰当的设计标准、可检查性和高质量的加工，以尽量降低其发生故障的可能性。

与核电厂反应堆冷却剂系统压力边界相连接的管道，必须设置适当的隔离装置，以限制放射性流体（一回路冷却剂）的任何丧失，并防止冷却剂通过接口系统流失。

反应堆冷却剂系统压力边界的设计必须使产生裂纹的可能性极小；已产生的裂纹也极不易于按快速裂纹扩展方式发展成为失稳断裂，以便允许及时探测到裂纹。

反应堆冷却剂系统的设计必须保证避免使反应堆冷却剂系统压力边界的部件可能出现脆性断裂的核电厂状态。

设计必须使反应堆冷却剂系统压力边界内部件（如泵的叶轮和阀门部件）在所有运行状态和设计基准事故下失效的可能性以及随后对一回路系统内其他安全重要部件造成的损伤最小，并为使用中可能发生的性能劣化留有适当的裕量。

必须采取措施保证卸压装置的动作能够避免反应堆冷却剂系统压力边界出现超压，并不会导致放射性物质从核电厂向环境直接释放。

必须采取措施来控制反应堆冷却剂的装量、温度和压力，以保证其在核电厂任何运行状态下（恰当考虑容积变化和泄漏）均不超过规定的设计限值。

必须在核电厂内设置适当的设施，以去除反应堆冷却剂中的放射性物质（包括活化腐蚀产物和源自燃料的裂变产物）和非放射性物质。

系统所需的功能必须基于规定的容许燃料泄漏设计限值和保守的裕量，以保证核电厂可在回路中的放射性水平可合理达到尽量低的情况下运行。同时保证放射性物质释放低于规定排放限值，并可合理达到尽量低的水平。

在核电厂停堆状态下，必须为排出反应堆堆芯余热提供手段，以使燃料、反应堆冷却剂系统压力边界和安全重要构筑物不超出设计限值。

必须提供冷却手段，以在核电厂事故工况下（即使没有保持一回路冷却剂系统压力边界的完整性），能够恢复和维持燃料的冷却。

冷却反应堆堆芯的手段必须能够保证：

（1）不超过包壳或燃料完整性参数限值（如温度）；

（2）可能出现的化学反应保持在可接受水平；

（3）应急堆芯冷却手段可有效补偿燃料和堆内结构变形的影响；

（4）反应堆堆芯冷却能保持足够长的时间。

必须提供设计手段（如泄漏探测系统、适当的互相连接和隔离能力）及考虑适当的多重性和多样性。

在核电厂所有状态下，都必须保证具有将热量传输到最终热阱的能力。在必须由热量传输系统实现传热功能的核电厂状态下，热量传输系统必须具有足够的可靠性。这可能要求采用多样化的排热途径将热量传输至最终热阱，在比设计的基准自然灾害（由厂址危险性评价确定）更严重的水平下仍能够实现传热功能。

2.4.2 安全壳结构和安全壳系统

必须设置安全壳系统，以保证或有助于核电厂实现以下安全功能：

（1）在运行状态和事故工况下包容放射性物质；

（2）保护反应堆，使其免受外部自然事件和人为事件的影响；

（3）在运行状态和事故工况下屏蔽辐射。

安全壳的设计必须能够保证从核电厂向环境的任何放射性物质释放处于可合理达到的尽量低的水平，在运行状态下不高于监管排放限值，以及在事故工况下满足可接受的限值。

安全壳结构及影响安全壳系统密封性的系统和部件的设计和建造，在安全壳的所有贯穿件安装完成后和在核电厂运行寿期内，必须能够进行泄漏率试验，并在安全壳的设计压力下能够进行泄漏率试验。

安全壳贯穿件的数量必须保持尽实际可能的少，所有贯穿件都必须满足与安全壳结构本身同样的设计要求。必须保护贯穿件，使其能够承受由管道位移引起的反作用力，或承受诸如外部或内部事件产生的飞射物、喷射力和管道甩击引起的事故载荷。

在依靠安全壳密封性，防止放射性物质向环境的释放超过可接受限值的情景中，贯穿安全壳且属于反应堆冷却剂系统压力边界组成部分的或直接与安全壳大气相通的每根管线，必须能自动且可靠地封闭。

贯穿安全壳且属于反应堆冷却剂系统压力边界组成部分的或直接与安全壳大气相通的管线，必须至少串联设置两个合适的安全壳隔离阀或止回阀，并必须配备适当的泄漏探测系统。通常应在安全壳内外各设置一个安全壳隔离阀或止回阀，安全壳隔离阀或止回阀必须尽实际可能地靠近安全壳，每个阀门能够可靠和独立地运作及进行定期试验。若采取其他设置方式，则应论证其满足设计要求。

贯穿安全壳，但既非反应堆冷却剂系统压力边界的组成部分，又不直接与安全壳内大气相通的管线，必须至少设置一个适当的安全壳隔离阀。安全壳隔离阀必须安装在安全壳外侧，并尽实际可能地靠近安全壳。

运行人员必须通过若干道气密闸门进入核电厂安全壳。这些闸门是联锁的，以保证反应堆功率运行和事故工况期间，至少有一道闸门是关闭的。

当运行人员出于监督目的进入安全壳时，设计必须采取特定措施，以保证运行人员的防护和安全。如果有设备气密闸门，设计中也必须采取措施，以保证运行人员的防护和安全。贯穿安全壳的设备或材料运输闸门的设计，必须保证在需要对安全壳进行隔离时能够快速和可靠地关闭。

必须采取措施控制核电厂安全壳内的压力和温度，控制裂变产物或其他气态、液态或固态物质的任何积累，这些物质可能在安全壳内释放并可能影响安全重要系统运行。

设计必须为安全壳内各独立隔间之间提供足够的气流通道。隔间之间各种开口的截面尺寸，必须能够保证在事故工况压力平衡期间产生的压力差，不会对承压结构或减轻事故工况后果的重要系统造成不可接受的损坏。

必须保证安全壳的排热能力，以便在发生任何高能流体意外释放事故后，能够降低安全壳中的压力和温度并使之维持在可接受的水平。执行从安全壳中排热功能的系统，必须具有足够的可靠性和多重性，以保证排热功能得到实现。

必须采取设计措施以防止在核电厂所有状态下丧失安全壳结构的完整性。该措施必须不会导致早期放射性物质释放或大量放射性物质释放。

设计必须包含能安全使用移动设备恢复安全壳排热能力的手段，这些移动设备不必在厂区贮存。

必要时，必须控制可能释放到安全壳中的裂变产物、氢气、氧气和其他物质，以便：

（1）减少事故工况下可能释放到环境中的裂变产物数量；

（2）控制事故工况下安全壳大气中的氢气、氧气和其他物质的浓度，以防止可能危及安全壳完整性的燃爆或爆燃载荷超出限值。

必须审慎选择安全壳系统内部件和结构的覆盖层、保温材料和涂层，并必须明确规定其使用方法，以保证这些部件和结构的安全功能得到实现，并在覆盖层、保温材料和涂层劣化时尽量减少对其他安全功能的影响。

2.4.3 仪器仪表和控制系统

必须设置用于以下目的的仪器仪表：确定可能影响核电厂裂变过程、反应堆堆芯完整性、反应堆冷却剂系统完整性和安全壳完整性的所有主要变量的值；获得核电厂安全和可靠运行所需的重要信息；确定核电厂在事故工况下的状态，以及用于事故管理的决策。

必须设置仪器仪表和记录设备，以保证获得必不可少的信息，并用于监测重要设备的状况和事故过程，预测可能出现放射性物质释放的位置和从设计预期释放位置外逸的放射性物质释放量，以及进行事故后分析。

必须设置适当且可靠的控制系统，使得相关的过程变量保持在规定的运行范围内。

必须设置能够探测不安全状态并自动触发安全动作的保护系统，以启动必要的安全系统来实现和维持核电厂安全状态。

保护系统的设计必须：

（1）能够控制控制系统的不安全动作；

（2）具备故障安全特性，以在保护系统发生故障时能使核电厂达到安全状态；

（3）防止操纵员在运行状态和事故工况下采取可能损害保护系统有效性的动作，但不得阻碍操纵员在事故工况下采取正确行动；

（4）能够执行用于启动安全系统的各种安全动作，以在预计运行事件或事故工况开始后的合理时间范围内无须操纵员干预；

（5）向操纵员提供相关信息，用于监测自动动作的效果。

核电厂安全重要物项的仪表和控制系统，必须具有与所执行的安全功能相适应的高可靠性和定期可试验性。

必须在实际可行的范围内采用各种设计技术，如可试验性（必要时包括自检能力）、故障安全特性、功能多样性、部件设计或工作原理的多样性等，以防止安全功能的丧失。

安全系统必须具有可在核电厂运行时对其功能进行定期试验的条件，包括各通道分别进行试验的可能性，以查明可能发生的故障和多重性的丧失。设计必须允许对包括从传感器到最终的触发驱动器和显示单元所有环节的定期试验。

设计应考虑当安全系统或安全系统的一部分由于试验或维修而必须退出运行时，其间应采取适当的措施对保护系统旁通状态进行明确的指示。

当安全重要系统设计成依赖于计算机的设备时，必须确定或制定用于开发和测试/验证计算机软件、硬件的适当的标准和规范，并在整个寿期内执行，特别是在软件开发过程中应执行这些标准和规范。整个开发过程必须遵循质量保证大纲。

安全系统或安全有关系统中基于计算机的设备：

（1）基于安全对于系统来说的重要性，必须使用高质量和有最佳实践的硬件和软件；

（2）整个开发过程，包括设计变更的控制、试验和调试，必须系统地形成文件，并可供审查；

（3）必须由独立于设计者和供应商的专业人员，对基于计算机的设备进行评价，以保证其高可靠性；

（4）在安全功能对实现和保持安全状态至关重要，且不能高置信度地证明设备具有必要的高可靠性时，必须提供多样化手段以保证安全功能的执行；

（5）必须考虑由软件引起的共因故障。

必须提供防止系统运行意外中断或受到蓄意干扰的保护措施。

必须通过分隔、避免相互连接或适当的功能独立来防止核电厂保护系统和控制系统之间的相互干扰。如果保护系统和控制系统共用信号，必须保证具备适当的分隔措施（如有效的去耦），且信号系统必须按照保护系统的一部分来分级。

必须设置控制室，以进行下述活动：在各种运行状态下以自动或手动方式安全地运行核电厂；出现预计运行事件和事故工况后，采取相应措施，使核电厂保持在安全状态或回到安全状态。

必须采取适当的措施（包括在核电厂控制室和外部环境之间设置屏障），并向控制室人员提供足够的信息，以在较长时间内保护控制室人员免于受到事故工况下形成的高辐照水平、放射性物质的释放、火灾、易爆或有毒气体的危害。

必须特别关注对可能危及控制室连续运行的（控制室）内、外部事件的识别。设计中必须采取合理可行的措施，将这些事件的后果减至最轻。

控制室设计必须提供恰当的裕量，以便应对比设计中考虑的自然灾害水平（由厂址危险性评价确定）更为严重的自然灾害。控制室设计必须考虑工效学的因素。控制室内仪表的布置和信息显示的方式必须便于运行人员正确掌握核电厂现状和性能的全貌。必须设置有效的可视装置和适当的声响装置，用于指示偏离正常和可能危及安全的运行状态和过程。

必须在核电厂内与控制室实体分隔、电气隔离和功能隔离的一个独立地点设置辅助控制室，并配置仪表和控制设备。辅助控制室应能在控制室丧失执行重要安全功能的能力时完成下述任务：使反应堆进入并保持在停堆状态，排出余热以及监测核电厂的重要参数。

2.4.4　场内应急设施

场内应急设施通常包括主控制室、辅助控制室、应急控制中心、技术支持中心、运行支持中心、场内应急道路、应急通信系统、应急物资贮存中心等。其设计必须保证工作人员在事故（包括严重事故）和灾害情况下能够在此执行预期的应急任务。

应根据需要向应急设施提供核电厂重要参数和核电厂内及其外围放射性状况的信息。每个应急设施应适当配备联络核电厂控制室、辅助控制室和其他重要场所，以及场内、场外应急响应组织的通信手段。

核电厂应设有应急动力源，在任何预计运行事件或设计基准事故的情况下，一旦丧失场外电源，需提供必要的动力供应服务。还应设有替代动力源，以在设计扩展工况的情况下提供必要的动力供应服务。

核电厂应急动力源、替代动力源的设计，必须包括能力、可用性、容量和持续性等方面的要求。

用于提供应急动力的综合手段（如柴油机、蓄电池、水轮机、汽轮机或燃气轮机），必须具备与需要其提供动力的安全系统所有要求相适应的可靠性和类型，必须能够进行功能试验。

在同时丧失场外电源和应急动力源的情况下，替代动力源必须能够提供必要的动力，以保证反应堆冷却剂系统的完整性，并防止堆芯和乏燃料出现严重损伤。

减轻反应堆堆芯熔化后果所必需的设备，必须能够通过任何可用的动力源提供动力。

替代动力源应与应急动力源相互独立并进行实体隔离，替代电源接入时间应与蓄电池组放电时间相匹配。

在交流电源丧失的情况下，应保证核电厂关键参数监测以及完成安全、必要的短期行动的持续动力供应。

为安全重要物项提供应急动力源的任何柴油机或其他原动机的设计基准，必须包括：

（1）相关的燃油贮存和供应系统在规定时间内满足需求的能力；

（2）原动机在所有规定工况下和在所要求的时间成功启动和运行的能力；

（3）具备原动机的辅助系统，如冷却系统。

设计也应包含通过一些移动设备的安全投运来恢复必要的动力供应，这些移动设备不必在厂区贮存。

2.4.5 支持系统和辅助系统

必须设置适当的辅助系统，以排出核电厂运行状态和事故工况下要求运行的系统和部件的热量。

热传输系统的设计必须保证其非关键部分能够被隔离。

必须设计工艺取样系统和事故后取样系统，以在所有核电厂运行状态和事故工况下，及时测定流体工艺系统中和取自核电厂系统或环境的气体或液体样品中特定的放射性核素的浓度。

必须在核电厂内提供适当的手段，以监测可能造成重大污染的流体系统的活度以及收集工艺样品。

必须在压缩空气系统设计基准中，明确对为核电厂安全重要物项服务的所有压缩空气的品质、流量和清洁度的要求。

必须在核电厂辅助房间或其他区域提供适当的空调、采暖、空冷和通风系统，以便在所有核电厂状态下保持安全重要系统和部件所需的环境条件。

必须为核电厂内的建筑物配备具有适当净化能力的通风系统，以便：

（1）防止气载放射性物质在核电厂内不可接受地扩散；

（2）降低特定区域内气载放射性物质的浓度，使之符合人员进入所要求的水平；

（3）保持核电厂内气载放射性物质的放射性水平在规定限值之内，并符合可合理达到尽量低水平的原则；

（4）在不影响放射性流出物的控制能力的条件下，维持含有惰性气体或有害气体的房间的通风；

（5）控制气态放射性物质向环境的释放，使其保持在规定限值之内，并在合理的情况下使释放量尽量低。

核电厂内污染较高的区域与污染较低的区域和其他可进入的区域之间，必须维持适当的负压差。

必须在适当考虑火灾危害分析结果的情况下设置消防系统，包括火灾探测系统和灭火系统、防火封隔屏障以及烟雾控制系统。

安装的消防系统应能安全地处理各种类型假设火灾事件。

如果适当，灭火系统必须能够自动启动。灭火系统的设计和布置要保证其在破裂、误动作或意外操作的情况下不会显著影响安全重要物项的性能。

火灾探测系统必须能及时为运行人员提供有关火灾位置和火灾蔓延情况的信息。

应对假设始发事件发生后可能的火灾的探测系统和灭火系统，必须具备抵御假设始发事件影响的适当能力。

必须尽可能使用不可燃或阻燃材料和耐热材料，特别是在安全壳和控制室内。

在运行状态和事故工况下，必须为核电厂内的所有操作区提供充足的照明。

核电厂中用于吊运安全重要物项以及在安全重要物项附近区域吊运其他物项的起重设备，其设计应满足以下要求：

（1）采取必要的措施防止超载；

（2）采取保守的设计手段，防止可能影响安全重要物项的重物的意外跌落；

（3）核电厂厂房布置应考虑起重设备及其所吊物项的吊运安全；

（4）保证起重设备在核电厂规定的状态下完成操作（设置安全联锁装置）；

（5）在有安全重要物项的区域使用的起重设备，需要进行抗震鉴定。

2.4.6 动力转换系统

核电厂蒸汽供应系统、给水系统和汽轮发电机的设计必须能够保证在运行状态或事故工况下，反应堆冷却剂系统压力边界不超过设计限值。

蒸汽供应系统必须设计有适当等级的、经鉴定的蒸汽隔离阀，使其能够在运行状态和事故工况的特定条件下关闭。

蒸汽供应系统及给水系统应具备足够的能力，且设计必须避免预计运行事件升级为事故工况。必须为汽轮发电机提供适当的保护，如超速保护和振动保护，并采取措施将汽轮发电机产生的飞射物对安全重要物项的可能影响降至最低。

2.4.7 放射性废物处理和流出物排放

为使放射性物质排放总量及浓度保持在规定限值以内并可合理达到尽量低的水平，核电厂必须设置适当的处理放射性固体、液体和气体废物的系统。

必须设置适当的系统，以便管理放射性废物和在一段期限内在现场安全地贮存这些废物，该期限应与相应的废物处置方案相适应。

核电厂必须具备适当设施，以便于放射性废物的转移、运输和装卸。必须考虑设施的可达性以及吊装和包装的能力。

核电厂必须具备适当手段，以控制液态和气态流出物向环境的排放保持在规定限值以内，并可合理达到尽量低的水平。

为使气载放射性物质向环境的释放保持在规定的限值以内，净化设备必须具备必需的滞留因子。过滤系统必须具有测试其效率的条件，能够在寿期内定期监测其性能和功能，并能更换滤芯的同时保证通风量。

2.4.8　燃料装卸和贮存系统

必须在核电厂建立燃料装卸和贮存系统，以保证燃料在装卸和贮存期间的完整性和特性。

设计必须包括适当的设施，以便于新燃料和乏燃料的起吊、移动和装卸。

设计必须能够防止在燃料或屏蔽容器移动过程中或发生燃料或屏蔽容器坠落时对安全重要物项造成任何显著损坏。

燃料装卸和贮存系统的设计必须：

（1）通过采用物理手段或工艺措施（应优先采用几何安全布置）并留有规定的裕量，保证即使在最佳慢化的条件下也不会临界；

（2）允许对燃料进行检查；

（3）允许对安全重要部件进行维护、定期检查和试验；

（4）防止对燃料造成损坏；

（5）防止燃料在转运过程中跌落；

（6）能够识别每个燃料组件；

（7）提供满足相关辐射防护要求的适当手段；

（8）保证具有适当的操作程序和核材料衡算控制措施，以防止核燃料丢失或丧失对核燃料的控制。

已辐照燃料的装卸和贮存系统的设计还必须：

（1）允许在运行状态和事故工况下充分地排出燃料的热量；

（2）防止对燃料元件或燃料组件造成不可接受的操作应力；

（3）防止乏燃料运输容器、起重设备或其他重物跌落在燃料上对燃料造成可能的损坏；

（4）能安全地贮存疑似损坏或已损坏的燃料元件或燃料组件；

（5）可溶中子吸收材料在用于临界安全时应控制其浓度水平；

（6）燃料装卸和贮存设施应便于维修和退役；

（7）必要时燃料装卸和贮存区域及设备应便于去污；

（8）根据预定的堆芯管理策略和整个堆芯中的燃料数量，能够容纳从反应堆中卸出的全部燃料并且有足够的裕量；

（9）便于从贮存设施中移出燃料和对其进行场外运输的准备。

对于采用水池系统进行燃料贮存的反应堆，其设计必须防止在所有与乏燃料水池有关的核电厂状态下发生燃料组件裸露，实际消除早期放射性物质释放或大量放射性物质释放工况发生的可能性，以避免在厂区形成高辐射区域。核电厂的设计：

（1）必须提供必要的燃料冷却能力；

（2）在乏燃料水池泄漏或管道破口工况下，必须提供相应的手段防止燃料组件发生裸露；

（3）必须提供恢复水装量的能力；

（4）必须包括能够使用移动设备进行补水，以保证水池有足够的水量来长期冷却乏燃料和屏蔽辐射。

设计必须包括：

（1）在运行状态和与乏燃料水池有关的事故工况下，具有监测和控制乏燃料水池池水温度和水位的手段；

（2）在运行状态下具有监测和控制乏燃料水池池水和空气放射性活度的手段，并在与乏燃料水池有关的事故工况下具有监测乏燃料水池池水和空气放射性活度的手段；

（3）在运行状态下具有监测和控制乏燃料水池水化学反应的手段。

2.4.9　辐射防护设计

必须采取措施保证核电厂的工作人员接受的剂量不超过规定限值，并保持在可合理达到的尽量低的水平，同时考虑相关的剂量约束。

必须全面识别核电厂的各种辐射源，将来自各种辐射源的照射和辐射风险保持在可合理达到的尽量低的水平，维持燃料元件包壳的完整性，控制腐蚀产物和活化产物的产生和迁移。

在合理可实施的情况下，用于制造构筑物、系统和部件的材料应选用不易辐照活化的材料。

必须采取措施防止来自核电厂的各种放射性物质、放射性废物和污染的释放或扩散。

核电厂的布置必须保证存在辐射危害和可能放射性污染区域的出入得到有效控制，并通过出入控制和通风的方式防止或减少运行人员所受的辐射照射和污染。

核电厂的布置必须尽量减少运行人员在正常运行、换料、维修和检查时的辐照剂量，贯彻可合理达到尽量低水平原则。为满足上述要求，在设计上应充分考虑提供专用工具的必要性。

应根据在运行状态（包括换料、维修和检查）下在区域内的预期停留时间、辐射水平和表面污染水平，以及事故工况下潜在辐射水平和表面污染水平，将核电厂划分为不同的辐射分区。通过屏蔽设计防止或降低辐射照射。

必须将经常进行维护或手动操作的设备，布置在剂量率较低的区域，以减少对工作人员的照射。

必须为运行人员和核电厂设备提供合适的去污设施。

必须设置相应的辐射监测设备，以保证在运行状态下和设计基准事故工况下提供充分的辐射监测，以及在设计扩展工况下提供尽量实际可行的辐射监测。

必须提供固定式剂量率仪表，在运行人员日常出入的场所和在运行状态下辐射水平的变化使得仅能允许在某些规定时段内出入的场所，监测辐射剂量率。

必须在适当的地点安装固定式剂量率仪表，以反映在事故工况下核电厂的总体辐射水平。在主控室或运行人员能够采取纠正行动的适当控制位置，固定式剂量率仪表必须给出充分的信息。

必须安装固定式监测设备，在运行人员日常停留的区域和气载放射性物质的活度水平可能达到须采取保护措施程度的区域，测量空气中放射性物质的活度。

当探测到放射性活度高时，这些系统必须在主控室或其他适当地点给出指示。同时必须在因设备故障或其他异常情况可能会造成污染的区域提供监测设备。

必须设置固定式设备和实验室设施，在运行状态和事故工况下流体工艺系统中，及时测定选定放射性核素的浓度，以及在核电厂系统或环境中采集的气体和液体样品中，及时测定选定放射性核素的浓度。

必须设置固定式设备，在核电厂向环境排放之前或在排放期间，监测放射性流出物和可能被污染的流出物的活度浓度。

必须设置用于测量表面污染的仪器仪表。必须在辐射监督区和控制区的主要出入口设置固定式监测设备（如门式辐射监测仪、手足监测仪），以监测运行人员和设备。

必须设置用于测量运行人员所受照射和污染的设施。必须制定用于评定和记录工作人员随时间所受累积剂量的程序。

必须根据核电厂周围区域剂量率或放射性核素浓度的环境监测结果，对照射和其他辐射影响的评价作出安排，特别是：

（1）对人的照射途径，包括食物链；

（2）对当地环境的辐射影响；

（3）放射性物质在环境中的可能积聚和积累；

（4）存在任何未经批准的放射性物质释放路径的可能性。

复习思考题

1. 国家核安全局制定并发布《核动力厂设计安全规定》(HAF 102—2016)的主要目的是什么?

2. 纵深防御概念应用于核电厂有哪些层次?

3. 核电厂的基本安全功能是什么?

4. 核电厂安全运行的运行限值和条件包括哪些?

5. 为什么必须用保守的方法来分析设计基准事故?

6. 对核电厂的设计进行安全分析的目的是什么?

7. 核电厂反应堆冷却剂系统的主要功能是什么?

8. 核电厂安全壳系统的主要功能是什么?

第3章　核电厂运行安全

核电厂的营运单位作为许可证持有者，必须对核电厂的安全运行负全面责任。营运单位可以把核电厂的安全运行授权给核电厂运行管理者，但仍必须保持对安全负有首要的责任。在此情况下，营运单位必须提供必要的资源和支持。核电厂的管理必须保证核电厂安全运行，遵守法律、法规要求。

营运单位必须特别强调核电厂的运行安全，必须贯彻"安全第一"的原则。核电厂营运单位的组织机构必须适合核电厂安全运行管理的特点，绝不可将管理非核电厂的原有组织加以简单扩充来管理核电厂。

在建立营运单位组织机构时，必须考虑如下管理职能：

（1）决策职能：包括确定管理目标、确定核安全和质量政策、分配财力、物力和人力资源、批准管理大纲内容、制定使员工状态胜任其工作的制度，并根据实现管理目标过程中的业绩对上述各项制定订要的修改计划。

（2）运行职能：包括在运行状态和事故工况下为核电厂运行作出管理决定和采取行动。

（3）支持职能：包括从厂内外组织获得为执行运行职能所需要的技术和管理服务及设施。

（4）审查职能：包括对履行运行职能和支持职能的情况进行严格监察，并进行设计审查。监察的目的在于验证是否符合核电厂安全运行的规定目标，发现偏离、缺陷和设备故障，并为及时采取纠正措施及进行改进提供信息。审查职能还包括对营运单位的整个安全业绩进行审查，以便评价安全管理的有效性和确定改进的可能性。

必须建立并以文件确定组织机构，以保证履行实现核电厂安全运行的如下职责：

（1）在营运单位内部划清职责并授予职权；

（2）确定并验证管理大纲的满意实施；

（3）提供充分的人员培训；

（4）建立与国家核安全监管部门、其他有关部门以及地方政府的联络渠道，以处理好与安全有关的事宜；

（5）建立与设计、建造、制造、核电厂运行和必要的其他（国内和国际）组织机构的联络渠道，以保证传递信息、专门知识和经验以及响应安全问题的能力；

（6）提供足够的资源、服务和设施；

（7）提供适当的公众咨询和联络渠道。

描述营运单位组织机构及履行所有这些职责的管理安排的文件必须可供国家核安全监管部门审查。此外，营运单位必须系统地审查哪些可能是安全重要的、在组织机构及管理安排上的变动，并提交给国家核安全监管部门审查。

必须明文规定直接从事运行人员和支持性人员中的人员配备。必须明确规定各级职责权限以处理对核电厂安全有影响的事项。必须以职能机构图，包括人力安排及关键岗位职责的描述，来说明由核电厂本身或依靠核电场外部机构完成支持性职能。

为保证核电厂在所有运行状态下安全运行、减轻事故后果并对应急状态作出正确的响应，必须以书面形式明确规定岗位职责、授权级别和内、外联络渠道。

营运单位必须配备称职的管理人员和足够数量的合格工作人员，他们应熟知有关安全的技术和管理要求，并具有高度的安全意识。当聘用和提升管理人员时，对待核安全的态度必须是选择的标准之一。对工作人员业绩评价的内容必须包括对待安全的态度。

营运单位必须制定核安全政策并由所有厂区人员贯彻执行。核安全政策必须把核电厂安全放在首位，必要时可不考虑生产和计划进度的要求。核安全政策中必须承诺对安全重要的所有活动都要达到优良效能，并鼓励采取质疑的态度。

可能影响安全的所有活动必须由合格而有经验的人员来完成。与安全有关的某些活动可以由核电厂机构以外（如承包商）的合格人员来完成。这些活动必须以书面形式明确地规定。在厂区内或厂区外实施这些活动必须由核电厂运行管理者批准。核电厂工作人员必须有效地控制和监管承包商的工作人员。

必须根据已制定的程序进行可能影响安全并能预先计划的所有活动。有要求时，营运单位须将该程序提交给国家核安全监管部门审批。

当建议进行已正常使用的程序以外的活动时，必须根据已制定的管理程序编写专门的程序。这些专门的程序必须包括所建议活动的内容和操作细节。必须仔细审查这些活动和专门程序的安全问题。这些专门程序的批准必须遵循与核电厂正常程序批准同样的过程。有要求时，涉及安全的专门程序必须提交给国家核安全监管部门审批。

营运单位必须保证定期审查核电厂的运行情况，其目的在于强化安全意识及提高安全文化水平，遵守为增强安全而制定的规定，及时更新文件并防止过分自信和自满的情绪。实际可行时，必须采用适宜的客观的业绩评价方法。核电厂运行管理者必须获得定期审查结果并采取恰当的纠正措施。

核电厂的安全运行必须接受国家核安全监管部门的监督。

国家核安全监管部门和核电厂营运单位必须严格履行各自的职责，并建立起相互理解、相互尊重、坦诚、透明的工作关系。

营运单位必须按照国家核安全监管部门的要求提交（或供其随时调用）文件和资料。

营运单位必须制定和实施根据规定的准则向国家核安全监管部门报告异常事件的程序。

为了使国家核安全监管部门履行其职能，营运单位必须给予必要的协助，并允许其监督人员进入核电厂和获得相关文件。当国家核安全监管部门要求时，营运单位必须进行专门的分析、试验和检查。鉴于安全责任，当营运单位认为国家核安全监管部门要求的行动有害于安全时，必须将意见告知国家核安全监管部门，作为进一步讨论的基础。营运单位必须执行国家核安全监管部门的强制性措施。

营运单位必须系统地评价核电厂的运行经验。必须调查研究安全重要的异常事件以确定其直接原因和根本原因。调查必须向核电厂运行管理者提出明确的建议，核电厂运行管理者必须及时采取恰当的纠正行动。这些评价及调查所得的信息必须反馈给核电厂工作人员。

营运单位必须获得并评价其他核电厂的运行经验和教训，作为借鉴。为此，应十分重视与国内和国际机构的经验交流及信息共享。

必须指定胜任的人员认真研究运行经验，以便发现不利于安全的先兆，从而在出现严重情况之前采取必要的纠正行动。

必须要求所有的核电厂工作人员报告所有的事件，并鼓励报告与核电厂安全有关的“几乎要发生的事件”。

核电厂运行管理者必须与设计有关单位（制造者、研究单位、设计者）保持适当联系，以向其反馈运行经验的信息及获得与处理设备故障或异常事件有关的建议。

必须收集和保存运行经验的数据，作为核电厂老化管理、核电厂剩余寿期评价、概率安全评价和定期安全审查的输入数据。

3.1　核电厂运行工况与运行限值

为保证核电厂运行符合设计要求，营运单位必须制定包括技术和管理两个方面的运行限值和条件。运行限值和条件必须反映最终设计，并在核电厂运行开始之前经国家核安全监管部门评价和批准。运行限值和条件必须包括对各种运行状态（包括停堆在内）的要求。运行限值和条件还必须包括运行人员应采取的行动和应遵守的限制。包含运行限值和条件的有关文件都必须备在控制室供控制室人员使用。

运行限值和条件必须作为营运单位运行核电厂的一个重要依据。对运行负有直接责任的运行人员必须熟练掌握运行限值和条件，并保证遵守。

运行限值和条件可以分为以下几类：

（1）安全限值；

（2）安全系统整定值；

（3）正常运行的限值和条件；

（4）监督要求。

运行限值和条件必须具有如下目标：

（1）防止发生可能导致事故工况的状态；

（2）如果发生这种事故工况，则减轻其后果。

营运单位必须制定和实施监督大纲以保证遵守运行限值和条件，还必须评价监督结果并存档。

运行限值和条件必须基于对特定核电厂及其环境的分析，并符合设计中所做的规定。每一项运行限值和条件的采用依据都必须有书面说明。必须根据调试期间的试验结果做必要的修正，修正必须由国家核安全监管部门审批。

在核电厂运行寿期内，必须根据经验的积累、技术和安全的发展以及核电厂的变更对运行限值和条件进行复审。在国家核安全监管部门提出要求，或者营运单位认为必要并经国家核安全监管部门批准时，还必须对运行限值和条件进行修改。

发生异常事件后，必须使核电厂恢复到安全运行状态，必要时可以停堆。当核电厂运行偏离一项或几项规定的运行限值和条件时，必须立即采取适当的纠正措施，营运单位必须对上述偏离和纠正措施进行审查和评价，并按照规定的事件报告制度上报国家核安全监管部门。

必须制定管理程序以保证用文件记录下偏离运行限值和条件的情况并以适当的方式上报，还须保证采取适当的响应行动，包括必要时更新安全分析报告。

3.2　核电厂运行规程

营运单位必须制定全面的管理程序，管理程序包括制定、完善、验证、验收、修改和注销运行指令及运行规程（以后统称运行规程）的规则。

营运单位须根据国家核安全监管部门的要求制定全面的适用于正常运行、预计运行事件和事故工况下的运行规程。各运行规程的详细程度要与该运行规程的目标相一致。在运行规程中提供的指导要求清晰、简洁，并尽可能是已验证和确认为有效的。在控制室和其他必要的运行位置处的运行规程和参考材料要有清楚的标识并容易获得，同时必须可供国家核安全监管部门查阅。严格遵守书面的运行规程是核电厂安全政策的根本要素之一。

制定正常运行规程的目的是保证核电厂运行在运行限值和条件之内。对预计运行事件和设计基准事故则需要制定事件导向规程或征兆导向规程。同时必须制定应急运行规程或严重事故（或设计拓展工况）管理指南。

必须以书面方式明确地规定控制室操纵员和为了安全而指导反应堆停堆的人员的责任和权力。同样，也必须以书面形式明确地规定在导致停堆的异常事件后或为了维修而停堆很长时间后重新启动反应堆的责任和权力。

要保证核电厂运行人员对所有运行状态下的核电厂系统和设备状态是熟悉的和能控制的。只有指定的合格运行人员才能控制或指挥核电厂运行状态的任何改变。其他人绝不允许干涉运行人员作出有关安全的决定。

必须制定管理措施，以保证在核电厂所进行的全部工作都是以符合核电厂安全运行（功率运行和停堆状态）要求的方式计划和执行的。

对于口头指令，要确保口头指令是明确易懂的。

对于运行人员发现核电厂系统或设备的状态或条件不符合运行规程的

情况，营运单位必须以书面形式清楚地规定有关人员的职责和联络渠道。

如果需要进行非常规运行、试验或实验，运行之前要进行安全审查。必须确定专门的运行限值和条件，还必须编制专项运行规程。如果在非常规运行期间违反任何专门的运行限值或条件，则要立即采取纠正措施，而且必须对该事件进行审查。不得进行不必要的或未经充分论证的实验。

运行规程是指导核电厂运行人员对机组系统进行各种操作和监护、处理系统和设备故障及各种事故的书面文件。这些规程必须在电厂投产前就事先编写好，经过一定的审批程序批准后方能实施。它们是核电厂运行的基础性文件，使得核电厂的一切操作有章可循，对保证机组的安全运行具有十分重要的意义。

运行规程由总体运行规程、系统运行规程、换料与大修运行规程、系统报警手册、故障处理规程、事故处理规程、行政隔离规程和定期试验规程组成。当机组或某个（些）系统出于某种原因不能按照原有运行规程进行操作时，必须由有关的授权人员编写临时运行指令并经批准方可实施操作。临时运行指令只在短期内有效。

（1）总体运行规程

用以指导机组起动和停运总体活动的文件，每个机组有十几份总体运行规程，分别对应机组启动或停运过程所经历的若干个标准模式的变换。每份总体运行规程的主要内容有：应遵守的技术限制；初始状态检查；启动和停运过程中的主要操作步骤；在启动和停运过程中要执行的系统运行规程、定期试验规程、状态控制点规程；各系统和设备的启动或停运次序；要用到的图表和曲线等。一般而言，主控制室内的两位操纵员使用总体运行规程进行操作是有分工的，一位负责反应堆和核蒸气供应系统的操作，另一位负责汽轮发电机组的操作。因此，总体运行规程需分开编写这两种操作，使得规程执行起来更加明晰。需要指出的是，总体运行规程和下述的系统运行规程组成一个完整体系，在执行总体运行规程时常常转而执行所涉及的系统运行规程。

（2）系统运行规程

详细描述一个系统在准备、启动、停止和在被跟踪和监视时要进行的所有运行活动，同时也详细描述一些故障和特殊运行工况下要执行的操作。这类规程数量很大，占运行规程的大部分。对于一个双堆核电厂来说，系统运行规程有几百份。

（3）换料与大修运行规程

由于换料大修时机组和系统的状态变化多，运行操作有特殊性，为避免在此期间发生人为错误，并把良好的实践用文字固定下来，一般要编写专门用于换料大修的规程，它们详细描述机组停运、维修、换料、启动要进行的总的活动。其中，部分内容取自总体运行规程。对于一些特殊的活动附有系统运行规程文件包，文件包主要包括系统运行规程的某些具体操作指令。

（4）系统报警手册

每一系统的报警手册由该系统的所有报警卡组成。核电厂每个机组有上百个系统和上千个报警信号。主控制室每个报警信号窗都对应编有一份报警卡，每个报警卡包括报警名称、颜色、探测器、报警定值、计算机信息、自动动作、原因、后果、风险、要使用的规程或要执行的操作等信息。

（5）事故规程

指导运行人员在机组发生异常运行工况或事故，反应堆保护系统触发紧急停堆或专设安全设施启动之后采取后续行动以缓解事故和限制事故后果的规程。至今仍为世界上众多核电厂采用的事故规程体系基于“事件导向法”，即它们以事故源于一个初始事件的假设为基础，事故规程以不同的初始事件分别编写。但是自从美国三里岛核电厂事故开始，国际核工业界逐渐认识到核电厂的一次事故可能是多重设备故障的叠加，甚至还要加上人为错误，在这种情况下要准确判断事故的唯一初因是十分困难的。鉴于此，国际核工业界正陆续研究发展一种“状态导向法”的事故规程。编制这类规程的逻辑基础是事件的组合可能是无限的；与此相反，反应堆可能的物理状态却是有限的。反应堆操纵人员有可能通过对几个具有代表性的参数的监测来辨识反应堆的状态。因此，可以根据反应堆当前的物理状态来采取纠正行动，而无须知道这一状态是由什么事件引发的。

目前仍广泛采用的“事件导向法”的事故规程大体由三部分构成：

1）事故征兆诊断规程。这些规程包括安全注射系统启动后的事故诊断规程以及为紧急停堆或出现事故报警后的事故诊断规程。它们帮助反应堆操纵员判断事故初因并指导选用下述适用的事故处理规程。

2）事故处理规程。这些规程按不同的事故初因分类编写，指导运行人员采取正确的应对措施。

异常运行工况处理规程一般称为 I 规程（incident procedures），主要处理紧急停堆、厂内或场外电源丧失、安全注射系统误启动、仪表用压缩空气丧失、一回路压力边界泄漏事故以及装卸料事故等。

事故处理规程又称为 A 规程（accident procedures），处理第三或第四类工况事故，如一回路大、中、小破口失水事故，蒸汽发生器传热管断裂事故，主蒸汽管道断裂事故等。

超设计基准事故处理规程，法国核电厂往往把它们称为 H 规程（H 是法语词汇超设计基准的第一个字母）。这些规程处理的事故包括热阱全部丧失、全厂失电、蒸汽发生器失去全部给水等事故。

严重事故处理规程又称 U 规程（ultimate accident procedures），涉及堆芯熔化、一回路大破口失水事故后安全壳超压等事故。这些规程以状态为导向，作为事件导向规程的补充。

3）事故过程的连续监测规程。这类规程用来指导在事故结束阶段的长期监测行动。

（6）行政性隔离规程

有些阀门和电气开关的位置直接与安全相关系统的可用性相联系，把它们锁定在正确位置的操作称为“行政性隔离”。在行政隔离规程中详细描述了行政隔离的总原则，每一种行政隔离所涉及的部件的正确位置、实施和解除每一种行政隔离的前提和条件。

（7）定期试验规程

设备或整个系统的定期试验是为了在维修后进行再鉴定或定期检查电厂设备或整个系统的可运行状态。这类规程内容有试验目的、试验周期、前提条件、潜在风险和试验步骤等。

（8）运行规程的编写和生效

运行规程的编写、校核和批准都要按照规定的程序和授权进行。一份运行规程只有经批准后才能生效，规程只有生效后才允许使用。运行规程的编写以系统和设备的运行特点和设计准则为基准，同时要满足运行技术规格书所规定的各项安全准则。它们的编制一般要以供货商或设计单位提供的系统设计手册、设备运行维修手册、系统报警手册、运行程序指南、定期试验指南为依据，并要在调试过程中或在全范围仿真机上进行验证。随着运行经验的积累，或由于实施修改项目，运行规程必须及时更新、纠正、修改和评审，以保证运行规程的准确性和完整性，保持运行规程最新版本状态。

（9）运行规程的执行

各种运行规程都明确给出了该规程所适用的工况范围，对规程的使用者也提出了明确的授权要求，如主控制室操作均由操纵员完成，现场所有操作均在操纵员或副值长负责下由现场操作员完成，中高压电气设备由副值长亲自操作。运行规程必须准确无误地被执行。所有按规程执行过的操作都必须在规程中记录；在定期试验规程中，还要求试验负责人对试验结果进行评估。运行规程执行完后作为运行记录加以保留。

3.3　核电厂运行安全性能指标

核电厂运行安全性能指标主要是对核电厂运行期间的核安全、可靠性、机组效率及人身安全等项目进行定量描述。世界核电营运者协会（WANO）

颁布了一套统一的性能指标，共10项，由各个核电厂每季度统计并报送，协会每年出版性能指标年报。其中除给出统计分布外，还按所有被统计机组或堆型，给出各项指标当年的或3年的最佳四分点值、中值和平均值。中值一般又称为行业值。制定这些指标的目的主要是监测和评定核电厂运行状况与发展趋势，并为营运单位改进核电厂总体性能提供同行参考信息。

（1）机组能力因子

在一定时间间隔内，机组的可用能量与额定能量之比，用百分数表示。可用能量为在电厂有效管理控制下，即电厂设备和人力以及在工作控制条件下所能产生的能量。可用能量由额定能量减去计划能量损失与非计划能量损失获得。由电厂以外的原因（如电网调度、季节变化等）引起的能量损失不在计算中扣减。它综合反映了电厂管理活动为获得最大发电能力的有效性，反映了运行与维修的工作质量。

（2）非计划能力损失因子

在一定时间间隔内，机组的非计划能量损失与额定能量之比，用百分数表示。非计划能量损失为由于电厂管理控制引起的非计划停机、大修延长或降负荷等所不能产生的能量。它反映了电厂在尽量降低由于非计划的设备故障或其他原因引起的停机与降负荷方面所做的努力。

（3）7 000 h反应堆临界非计划自动紧急停堆数

7 000 h反应堆临界非计划自动紧急停堆数是指每7 000 h反应堆临界运行非计划自动紧急停堆（反应堆保护系统逻辑触发）次数。紧急停堆为由于快速引入副反应性（如由控制棒系统或液体注入停堆系统等）所引起的反应堆自动停堆，其信号为监督机组参数和状态的传感器所发出的反应堆保护系统逻辑信号。该指标监督电厂在降低非计划自动紧急停堆、减少机组瞬态变化方面所取得的进步。

（4）安全系统性能

安全系统性能是指在一定时间间隔内，无论何种原因引起安全系统部件或系列不可用的小时数总和除以该系统部件或系列所要求可用的小时数。安全系统的选取根据该系统对事故发生时避免堆芯熔化的重要性而定。对于压水堆，选取以下 3 个系统：①高压安全注射系统；②辅助（应急）给水系统；③应急交流电源系统。对于沸水堆，则选取：①高压注入与热导出系统；②余热导出系统；③应急交流电源系统。该指标主要评价重要安全系统响应异常事故的准备状态。

（5）热性能

热性能是指最佳可达毛热耗与实际平均毛热耗的修正值之比，用百分数表示。毛热耗为同一时间间隔内反应堆所产生的总热能与发电机所产生的总电能之比。热性能综合反映了机组的传热性能与热效率状态。

（6）燃料可靠性

燃料可靠性是指反应堆冷却剂中裂变产物放射性活度的修正值。对于沸水堆，为稳态下蒸汽出口的 6 种惰性裂变气体的放射性活度通过归一化的修正值；对于压水堆，为稳态下一回路水的 ^{131}I 的放射性活度通过归一化的修正值。该指标主要监督燃料包壳的完整性。

（7）集体辐射剂量当量

在一定时间间隔内，所有核电厂现场人员（包括承包商和参观人员）总的外照射与内照射剂量。它监督电厂在降低辐射剂量方面所做的努力。

（8）固体放射性废物体积

在一定时间间隔内，经过处理完毕并准备永久存放的放射性固体废物连同其外包装在内的体积。未处理完毕或没有经过包装的废物不计算在内。该项指标监督放射性固体废物的产生量。

（9）化学指标

选择几种反应堆冷却剂中杂质与腐蚀产物，将它们在一定时间间隔内的平均浓度除以其限值，化学指标即为它们的商值总和。不同的堆型选取不同的参数。对沸水堆，选取以下 3 个参数：①反应堆水中的氯离子；②反应堆水中的硫酸根离子；③主给水中的铁。对于压水堆直流式蒸汽发生器，选取以下6项：①主给水中的氯离子；②主给水中的硫酸根离子；③主给水中的钠离子；④主给水中的铁；⑤主给水中的铜；⑥凝结水中的溶解氧。对于压水堆再循环式蒸汽发生器，选取以下6项：①蒸汽发生器排污水中的氯离子；②蒸汽发生器排污水中的硫酸根离子；③蒸汽发生器排污水中的钠离子；④主给水中的铁；⑤主给水中的铜；⑥凝结水中的溶解氧。该项指标主要用来评价电厂的化学控制效果。

（10）工业安全事故率

每20万人·工时或100万人·工时中，引起核电厂长期工作人员（连续工作1年以上）死亡和离开工作或进行限制性工作1天以上（不包括事故当天）的事故数之和（承包商人员的数据不包括在内）。该指标主要衡量核电厂的工业安全水平。

3.4 核事故应急

应急准备涉及处理事故以保持防护及安全的能力、发生事故时减轻事故后果的能力、保护厂区人员及公众的健康的能力以及保护环境的能力。必须针对特定的核电厂厂址制定应急预案。核电厂营运单位的应急预案必须包括由核电厂营运单位实施或负责的各项活动，并上报国家核安全监管部门审批。

营运单位必须建立必要的组织机构并规定其处理应急的责任。必须包括下列安排：迅速判明应急状态；及时向应急响应人员通告并根据应急状态向厂区人员报警；向国家核安全监管部门和地方政府提供必要的信息，包括及时报告和按要求提供后续信息。

营运单位必须遵循国家有关应急的法规和标准制定和实施应急预案。

应急预案必须考虑非核危害与核危害同时发生所形成的应急状态，诸如火灾与严重辐射或污染同时发生、有毒气体或窒息性气体与辐射和污染并存等，同时还应考虑特定的厂区条件。

要对厂区人员进行有效的应急培训。要有手段将在应急时要采取的行动通知厂区内的所有员工和其他人员。

核燃料运到厂区前，必须作出适当的应急安排，在核电厂首次装料以前必须保证完成全部应急准备。

在核电厂首次装料以前，需要进行应急演习以验证应急预案。此后必须以适当的间隔进行应急演习，其中的某些应急演习必须由国家核安全监管部门见证。有些应急演习必须是综合性的，并包括尽可能多的有关单位参加。应急预案必须根据获得的经验进行复审及更新。

应急状态时需要使用的仪器、工具、设备、文件和通信系统必须妥为保管和维护，使之处于随时可用状态，并在事故条件下不至于受到影响或失效。

3.4.1　核事故应急管理

核事故应急管理指为最大限度地控制核事故的发展，减轻和缓解事故后果，保障工作人员和公众的健康与安全，保护环境而采取的核事故对策、应急准备、应急措施及事故后恢复行动的管理活动。

各国在大规模应用核能，特别是在发展核电的同时，对核事故的可能性及其后果、应采取的应急措施等做了大量研究工作。美国从20世纪50年代起即着手研究核电厂假想事故及其可能对环境的影响，到60年代逐渐形成了核事故应急预案及应急管理的完整概念。

IAEA在总结和推广核事故应急管理经验方面也做了大量工作。1969年，IAEA在它的32号出版物中比较全面地论述了核事故应急预案的基本要求，以后又陆续发布了一系列有关法规和导则，如《营运组织（许可证持有者）对核电厂事故的应急准备》（50-SG-O6）及《公众当局对核电厂事故的应急准备》（50-SG-G6）等，这些文件后续又有进一步的升版。

1986年4月26日，切尔诺贝利核电厂发生事故后，IAEA于同年9月通过《及早通报核事故公约》及《核事故或辐射紧急情况援助公约》，以促进核事故应急方面的国际合作。中国政府于1987年4月16日批准了这两项公约。

核事故应急管理主要包括建立应急管理体制、制定相应法规、审批应急预案、做好应急准备、组织和指挥应急行动等。

（1）应急管理体制

各国国情不同，应急管理体制也不尽相同。中国对核电厂事故应急工作实施国家、地方（省、自治区、直辖市）及核电厂营运单位的三级管理。

1）国家核事故应急管理机构

国家设立核事故应急协调委员会，组织协调全国的核事故应急管理工作，其主要职责：①拟定国家核事故应急工作政策；②统一协调国务院有关部门、军队和地方人民政府的核事故应急工作；③组织制定和实施国家核事故应急预案，审查批准场外核事故应急预案；④适时批准进入和终止场外应急状态；⑤提出实施核事故应急响应行动的建议；⑥审查批准核事故公报、国际通报，提出请求国际援助的方案。必要时，由国务院领导、组织、协调全国的核事故应急工作。

2）地方核事故应急管理机构

由核电厂所在省、自治区、直辖市人民政府指定的部门负责本行政区域内的核事故应急管理工作。其主要职责：①执行国家核事故应急工作的法规和政策；②组织制定场外核事故应急预案，做好核事故应急准备工作；③统一指挥场外核事故应急响应行动；④组织支援核事故应急响应行动；⑤及时向相邻的省、自治区、直辖市通报核事故情况。必要时，由省、自治区、直辖市人民政府领导、组织、协调本行政区域内的核事故应急工作。

3）核电厂营运单位应急管理机构

核电厂的核事故应急机构的主要职责：①执行国家核事故应急工作的法规和政策；②制定厂内核事故应急预案，做好核事故应急准备工作；③确定核事故应急状态等级，统一指挥本单位的核事故应急行动；④及时向上级主管部门、国家核安全监管机构和省级人民政府指定的部门报告事故情况，提出进入场外应急状态和采取应急防护措施的建议；⑤协助和配合省级人民政府指定的部门做好核事故应急工作。

（2）制定法规

核事故应急管理是影响面大、涉及部门多、技术性及政策性都很强的工作。国家必须制定相应法规，以明确对应急管理体制、应急干预水平、应急计划区、应急状态分级、应急预案审批等方面的要求。我国已颁布的《中华人民共和国民用核设施安全监督管理条例》（HAF001）、《核电厂核事故应急管理条例》（HAF002）及相应的实施细则、导则，对核电厂应急管理工作做了明确的规定。

（3）应急干预水平

当发生并不严重的事故时，虽有少量放射性物质排放，但对工作人员和公众的健康没有什么影响或影响甚微。在这种情况下，采取涉及公众的大规模应急行动显然是不必要的。为此，各国政府一般都规定或推荐了“干预水平”，即规定只有到事故造成或预计造成的放射性影响达到一定程度时，对公众采取应急防护行动才是必要的。

由于核事故的复杂性及各国政治经济状况不同，各国的干预水平也不尽相同。

干预水平给出的是一个范围，当剂量高于干预水平上界值时，采取相应的应急行动是必要的；剂量低于干预水平下界值时，采取应急行动一般则是不必要的；剂量在上、下界值之间时，可根据实际情况（事故性质、预计发展趋势、人口分布、气象条件、道路及交通工具条件等）决定是否立即采取相应的应急行动。

（4）应急计划区的划分

核电厂周围要明确划分出需有效实施事故应急准备的区域，即应急计划区。由于核电厂型式、功率、厂址及环境等条件不同，很难用理论方法准确计算出某个核电厂应有多大的应急计划区。对此，各国做法也不尽相同，一般都是以核电厂反应堆为中心，将一定距离范围内的区域作为应急计划区。多数国家又将应急计划区按距离及所需应急准备措施的不同，分为烟羽应急计划区和食入应急计划区。前者范围较小，事故发生时（特别是事故早期）剂量率较高，这主要是由于放射性烟羽造成的吸入照射和外照射。事故发生时在烟羽应急计划区可能需采取服用放射性阻断药物、隐蔽、撤离等措施。食入应急计划区较烟羽应急计划区范围更大些，在烟羽应急计划区外的食入应急计划区一般无须采用服药、隐蔽、撤离等措施，必要时可能需采取食物、水源控制及交通限制等措施。

大多数国家规定的烟羽应急计划区范围不大于 10 km，食入应急计划区大小则差别较大，但多不超过 50 km，平均为 35 km。

中国对核电厂应急计划区范围也有相应规定，并制定了国家标准。

（5）应急状态分级

根据核电厂事故的严重程度，特别是对环境影响的严重程度，将应急状态分为若干等级，以便更有针对性地采取应急措施。

各国对应急状态的分级方法不完全一致，中国采用应急待命、厂房应急、场区应急、场外应急四级分类法。

1）应急待命：出现某些特定异常工况，有可能导致核事故发生，如安全有关部件失效、严重自然灾害（地震、洪水、台风等）、邻近工厂或核设施发生严重火灾等。此时核电厂应急工作人员应进入待命状态，并采取相应措施，争取避免发展成核事故。

2）厂房应急：事故已经发生，但监测及评价结果表明，辐射后果可能仅限于工厂的局部区域。此时，营运单位应急工作人员除需按应急预案采取相应措施外，还应将事故情况通知有关的场外应急组织。

3）场区应急：事故释放的放射性物质虽已蔓延到工厂之外，但监测及评价结果表明，场外尚不必采取对公众的防护措施。核电厂场区内全面进入应急状态，场外有关应急组织迅即进入应急状态。

4）场外应急：事故已经造成放射性物质的大量释放，场区外也必须采取对公众的适当防护措施，即根据需要，实施服药、隐蔽、撤离及食物、水源、交通的管制措施等。

（6）应急预案

中国和大多数核电国家都以法规形式要求制定为防止发生和缓解核电厂事故后果的应急预案。其中包括核电厂营运单位的厂内应急预案及所在地地方政府的场外应急预案。

（7）指挥和组织应急行动

核电厂一旦发生核事故，各级应急组织要按应急预案要求迅速作出响应。事故中情况紧急时，必须特别强调统一指挥，在应急预案中必须具体规定各级指挥人员的职责及工作程序，并落实人员递补顺序。

厂内应急的重点是尽快制止放射性物质的事故排放，使反应堆恢复到安全状态并得以保持。因此要适时引入必要的工程补救措施或进行工程抢险，以达到控制事故的目的。

场外应急的重点是适时决定采取必要的防护行动，以保护公众。

当核事故已经得到有效控制、放射性物质的事故排放已经停止、核电厂周围大气中的放射性浓度已低于允许值时，即可按规定程序宣布中止应急状态，并开始采取各种事故后恢复措施。

（8）通用干预水平

在总结各国实践的基础上，IAEA 在其 1994 年 109 号安全丛书中论述了核或辐射应急中采用的干预准则，并提出了一系列“通用干预水平”。其中，为紧急防护措施推荐的通用干预水平见表 3-1。

表 3-1　为紧急防护措施推荐的通用干预水平

防护行动	通用干预水平*（由防护行动可避免的剂量）**
隐蔽	10 mSv***
撤离	50 mSv****
碘预防	100 mGy*****

注：* 这些水平是可避免剂量，即如果在考虑了由于任何延误或其他实际原因之后，因防护行动可以避免的剂量大于表中所给数字，就应该采取行动。

**在所有情况下，这些水平是指对适当选择的人群样本的平均值，而不是指最大受照个人。不过，对受到较高照射的个人组的预计剂量应该保持在低于确定性效应阈值以下。

***不推荐长于 2 天时间的隐蔽，主管部门可以希望推荐在较低干预水平下实行小于 2 天的隐蔽或为了便利采取进一步的对策，如撤离。

****不推荐长于 1 周时间的撤离。主管部门可以希望在较低的干预水平下就开始撤离，撤离时间更短，也可以在迅速而容易执行撤离的地方（如较小的人群组）先撤离。较高的干预水平在撤离困难的情况下也可能是合适的，例如，对于大的人群组或运输条件不充分。

*****对甲状腺的可避免剂量。出于实际原因，对所有年龄组推荐一种干预水平。

对于较长期的防护行动，推荐了为临时性避迁和永久再定居的通用干预水平，见表 3-2。同时相应推荐了用于食物控制的通用行动水平，见表 3-3。

表 3-2　为临时性避迁和永久性再定居推荐的通用干预水平

防护行动	可避免剂量*
临时性避迁	第一个月 30 mSv**， 随后的某一个月 10 mSV**
永久性再定居	寿期内 1 Sv

注：* 可避免剂量用于考虑要进行临时性避迁的某个平均人群。

**此处 1 个月是指约 30 天的任何一个期间，而不是指一个历法月。

表 3-3　食物通用行动水平推荐值　　单位：kBq/kg

放射性核素	推荐值	
	作为普通消费的食物	牛奶、婴儿食物和饮水
^{134}Cs，^{137}Cs，^{103}Ru，^{106}Ru，^{89}Sr	1	1
^{131}I	—	0.1
^{90}Sr	0.1	—
^{241}Am，^{238}Pu，^{239}Pu，^{240}Pu，^{241}Pu	0.01	0.001

注：这些水平用于容易得到可替代食物供应的情况。缺少食物供应的地方可采用较高的水平。

这些水平旨在规范用于准备消费的食品，用于稀释或恢复水分之前的干化的或浓缩食品就不必受到这些水平的限制。

出于实际理由，各个分立的放射性核素组的标准宜独立地用于每组中放射性活度的总量。少量消费（如每人每年不到10 kg食品分组，如调料，它只占总食谱中很少的部分并产生很少的个人附加照射），其行动水平可能比主要食物的行动水平高10倍。

IAEA为保护公众成员所推荐的干预水平通用值，代表了一种国际性认同，并已被选为可大体获取最大净利益的水平值。它们是在技术性的放射防护基础上选定的，其基本假定是为辐射防护所投入的努力和资源的水平，应该至少与为保护公众免受类似大小和性质的其他健康危险所投入的努力和资源的水平是相同的，这里适当考虑了对个人自由度的任何限制，以及防护行动自身的健康危险。以这种方式保证做到，只要适当地应用防护措施，公众就不会遭受过分的危险。只要给定了不确定性和这种方法的固有多异性，就可以判断出通用干预水平能为很广的事故情况范围提供正当的和合理优化的防护。很清楚，这些通用水平只能用作导则；任何具体的优化过程都可以导致比此处推荐的值或高或低的干预水平。

这些干预水平在性质上是通用的，即对于大多数情况，选用它们是合理的。如果此处采用的技术假定条件对具体情况是不合适的，或考虑社会、政治因素的需要，也可以采用不同于这些水平的值。

适合一般情况下的干预水平，有可能对某些特殊情况或人群组是不合适的。例如，在正常情况下，适合于一般居民的撤离干预水平可能不适合于以下情况：①危险的气候条件；②存在多种灾害时，如沿撤离路线有危险的化学物释放或地震；③受影响的人数太多、地域面积太大或运输工具缺乏，以致防护行动成为不实际甚至危险的；④特殊居民组，包括卧床不起的人、医院病人、老人和囚犯，对他们实施防护措施，尤其是撤离，将是困难的。因此，国家和地方部门在应用这些推荐值时应该有灵活性和适当的谨慎态度，预先考虑可能遇到的一些特殊情况，并做适当安排。

3.4.2 核事故应急预案与准备

核事故应急预案与准备是指为控制核电厂事故的发展、减轻和缓解事故后果、保护工作人员及公众的健康与安全、保护环境而预先制订的应急行动计划及为此而做的准备工作。

每个核电厂都要有周密的总体应急预案，包括：核电厂营运单位的场内应急预案，即在核电厂发生事故时场区范围内应采取的应急措施；核电厂所在地地方政府的场外应急预案，即在核电厂发生事故时为保护公众与环境而采取的应急措施；核电厂主管部门、国家核安全监管机构及其他有关部门（包括军队）的应急方案，并要保证所有参与组织在行动上的协调一致。

营运单位的场内应急预案是总体应急预案的基础。营运单位主要负责场区内的应急行动，必要时支援场区外的应急行动。

地方政府的场外应急预案是在事故时由地方应急组织负责或实施的行动的计划。地方应急组织主要负责场区外的应急行动，必要时支援场区内的应急行动。

场内、外应急预案应根据可能发生的各种核事故（包括严重事故）及其辐射安全影响分析制定，并必须包含下列内容：①确定应急组织的人员组成及其职责；②确定事故应急准备和响应的详细计划；③确定用于事故的应急物资和参与事故应急的人员；④制订核电厂和地方应急组织间相互配合与支援的计划。

地方应急组织应会同核电厂营运单位，根据对大于核电厂设计基准事故的严重事故的分析和厂址周围的自然与社会条件，建立烟羽应急计划区和食入应急计划区。应急计划区的大小及划分原则应列入应急预案中，并需经国家核事故应急管理机构审批。

为保证核事故发生时各项应急行动的迅速和正确，还需制定针对各种应急状态所需采取的核事故应急措施的具体执行程序。

应急预案中所要求的各项应急准备措施必须充分落实。在装料前必须进行一次有场内、外应急组织参加的联合演习，以检查应急组织是否健全、应急设施及物资准备是否充分、各项应急措施执行程序是否切实可行及应急工作人员素质情况。应急预案中还应作出定期进行不同层次、不司范围的应急演习的规定。根据演习中所暴露出的问题，进一步修改与完善应急预案。

应急工作人员必须事先接受必要的培训，并制订定期再培训计划，以确保应急准备的有效性。

应急预案的审批和应急准备的落实，是国家核安全当局颁发核电厂首次装料批准书的先决条件之一。

3.4.3　核事故应急措施

为控制核事故的发展、减轻和缓解事故后果、保护工作人员和公众的健康与安全、保护环境，应采取各种应急处理措施。核事故情况千差万别，且往往具有突发性，因此所需采取的应急措施的类型、实施方式和规模也不相同。必须根据事故分析、应急监测与评价结果，按应急预案程序，在统一指挥下有组织、有计划地实施这些措施。应急措施主要包括应急监测、应急评价、应急通信与报警、工程补救措施、隐蔽、服药、撤离、食物与水源控制、交通管制、医学救护等。

（1）应急监测

事故发生时，首先要加强对核设施，特别是反应堆状况的监测，同时要利用原有的监测系统对核电厂及周围环境的放射性水平加强监测。必要时，还要根据事故特点及环境、气象条件，派出应急监测人员，对有代表性的事故影响地点及关键核素做应急监测。

（2）应急评价

事故发生时，根据对事故发展过程的分析与应急监测结果，对应急状态、事故对环境的影响及发展趋势要作出快速评价。进行应急评价为适时采取应急措施提供了科学依据。应急评价时要根据实际监测结果（如大气中的放射性水平、地表污染测量及必要的核素分析）、所了解的事故机制、电厂环境条件及实时气象资料，利用一定的计算设备，计算出周围一定范围内的放射性水平分布及其发展趋势。

（3）应急通信与报警

事故发生后，核电厂营运单位需根据事故性质、严重程度、应急状态等情况，按应急预案中规定的程序，向主管部门、地方政府、监督部门及其他有关单位报告事故情况。各部门间要随时联系，应急指挥部和各应急行动组间更要有可靠、迅速的联系手段。因此要建立迅速、可靠的应急通信系统，应急通信手段要多样化并有足够的备用。

在核电厂及其应急计划区（主要是指烟羽应急计划区）内需建立事故应急报警系统，以便保证进入应急状态的命令及时通知到工作人员及有关公众。

报警时可以利用各种可能的手段，如电视、广播、鸣笛等，并需事先使工作人员及公众熟悉报警方式及有关信号（如鸣笛方式等），以便正确了解应急状态及应急指挥部要求采取的应急防护行动。

（4）工程补救措施

核电厂应事先预计各种可能的事故工况，制定相应的应急操作规程，确保事故发生时能使反应堆安全停闭、冷却并被保持在安全状态。所有运行人员对应急操作规程应十分熟悉，并经过必要的操作训练。

事故发生时可能出现一系列意想不到的情况，往往需根据反应堆事故工况分析及工程抢险的需要而采取一些特殊的工程补救措施，如必要时人力操作某些关键阀门或其他机械，进入有一定放射性危险的区域扑灭火灾，为避免更大事故发生而采取一些有控制的卸压排放措施等。

实施工程补救措施，特别是在工程抢险及人员救护中，要特别注意应急工作人员的剂量监测与辐射防护。进入严重污染区时，应有呼吸道防护（如戴防毒面具或穿个人防护衣），最好佩戴有超限报警功能的个人剂量装置。

（5）隐蔽

事故早期，为防止放射性烟云的照射，根据干预水平，在厂区及部分烟羽应急区内的工作人员及公众应实施隐蔽，即留在室内、关闭门窗及通风系统，有条件的应进入地下室。

隐蔽的效果取决于建筑物的屏蔽程度和密封性能。某些居民住宅及商业建筑物能够减少一个数量级的外照射剂量。在事故早期 1～2 h，这种隐蔽还可减少一个数量级甚至更多的吸入剂量。但敞开式建筑物或轻型建筑物屏蔽和密封性能很差，起不到有效的防护作用。

隐蔽只能部分减少可能接受的剂量，适用于事故早期，特别是预计剂量不大而建筑物屏蔽效果又较好的情况。如事故较严重且持续时间可能较长，则应适时安排撤离。

（6）服药（碘）

核电厂发生严重事故时，核燃料元件破损、裂变及衰变产物外溢，其中包括放射性碘（^{131}I、^{133}I 等）。碘极易被人体吸收并蓄留于甲状腺。但甲状腺吸收碘的容量是有限的，为此人们可在事故早期及时服月放射性阻断药物，即稳定性碘，使甲状腺对碘的吸收达到饱和，这样就可大大减少对放射性碘同位素的吸收，从而达到降低体内剂量的目的。

服用稳定性碘对防止吸入及食入放射性碘都有效。如果在摄入放射性碘前服用，防护效果几乎可达 100%；如果在已开始吸入放射性碘时服用稳定性碘，效果约为 90%；如果在吸入后 6 h 服用，其效果约为 50%。

（7）撤离

当事故严重，环境放射性水平持续较高并已达到相应于撤离行动的干预水平，服药、隐蔽等措施已不足以保护工作人员及公众的健康与安全时，就需考虑适时撤离厂区内与应急工作无关的人员及核电厂周围一定范围内的居民。一般多根据当时的事故及气象条件，将烟羽应急计划区下风向一定角度扇形区内的居民撤离。烟羽应急计划区内其他居民仍可用服药、隐蔽等方式达到有效防护的目的。如果核电厂附近居民点较少且人数不多，在早期实施撤离是切实可行的办法。但如果厂址附近人口较密，则撤离公众将是一项规模很大、执行难度也较大的应急行动，不但会有很大的社会影响，付出可观的经济代价，而且撤离行动本身也可能会造成一些意外损失（如因交通事故造成伤亡）。

撤离人员的时机须选择适当。如正值烟羽经过，则进行公众的集中和撤离活动本身就会造成人员的过量辐照，因此应根据监测及应急评价结果，对撤离居民的范围、时间及路线等作出最佳化选择。在做应急准备时，就要考虑到撤离人员的数量、路线、交通工具、临时居住所等因素，并对食品、水源、医药供应等做好相应的安排。

（8）食物与水源控制

事故中，如食物（如牛奶、蔬菜、水产品、肉类、水果等）、水源（如河流、湖泊、水库、地下水等）受到污染时，就要考虑是否应采取措施实施对食物及水源的控制。各国都对食物及水源放射性水平允许值有所规定。从原则上讲，当公众第一年内的累积剂量当量超过规定的公众成员年剂量限值时，就可能考虑实施对食物及水源的控制。

在应急准备中，要对在食物及水源控制情况下所能采取的、切实可行的替代和补救措施予以充分的考虑。

（9）交通管制

交通管制即对进出严重污染区域或由于放射性烟羽正值经过而造成放射性水平较高地区的人员和车辆进行控制，以保护工作人员和公众，降低集体剂量，防止污染扩散。在实施交通管制时，不允许无关人员及车辆进入严重污染区，过路人员及车辆可以按规定路线绕行。对从严重污染区撤出的人员要认真实施沾污检查，并设置人员冲洗（淋浴）室及更衣室。对撤出的车辆、器材，要认真检测及洗消。此外，在执行撤离人员、应急抢救、工程抢险等任务时，为保证应急工作人员及车辆的顺利通行，防止发生混乱及交通事故，也需实施必要的交通管制。

（10）医学救护

核事故下，除火灾及机械损伤等原因造成的伤亡外，还可能有一些遭受过量辐照的伤员。在核电厂营运单位及地方政府的应急预案中都必须根据这个特点，做好相应的医学救护准备。

辐照损伤的特点之一是有时难以从当时表面症状准确估计伤员所接受的剂量，而一般中小医院又没有医治严重辐照伤员的特殊条件和经验。因此，核事故下抢救伤员时，除常规的医学应急处置外，重要的是尽快判明伤员所受的剂量，以便将伤员分送不同级别的医疗单位进一步治疗。

虽然核电厂严重事故极少发生，但由于其后果严重，影响巨大，因此，各国对核电厂事故应急措施的研究都十分重视。研究的重点：①核电厂严重事故机制及源项研究，以便为更有效地防止发生事故和控制事故发展提供技术依据；②建立和完善事故监测及应急评价系统，采用更先进的设备和计算模式，提高应急评价及预测的准确性，为决策应急行动提供科学依据；③对各种应急行动进一步进行代价—利益分析；④研究核电厂事故工程补救措施及工程抢险技术，如研制适用于核事故工程抢险用的机器人等；⑤辐照损伤的快速鉴别和诊断技术；⑥严重放射性损伤病人的抢救和治疗。

3.4.4　核事故后恢复措施

核事故后恢复措施，是指核事故终止后，为消除事故后果、恢复正常生产和生活秩序而采取的各种措施。核电厂发生事故后，通过各种应急操作或工程补救措施，以确保反应堆处于安全状态，放射性物质的事故排放已经终止或得到有效控制，核电厂周围环境大气中的放射性水平已降至允许水平以下，事故的危急期已经过去，即可根据全面监测结果，按规定程序宣布应急状态终止，随即进入事故后的恢复期。恢复期采取的各项措施主要包括环境监测与去污、核设施的安全核查和检修、正常生活秩序的恢复、受照人员的医学治疗与跟踪等。

（1）环境监测与去污

事故可能造成厂区及周围环境的放射性污染。这种污染会由于衰变、大气扩散、雨水冲洗等而减弱。但由于污染程度及各种条件的不同，这个过程也可能持续很长时间。因此，应急状态终止后，仍需对厂区及环境进行监测，必要时可对污染严重的局部区域和物品采取适当去污措施。

（2）核设施的安全核查和检修

事故发生后要全面核查核设施（特别是反应堆），检查其在事故中的损坏情况，特别是要认真检查反应堆控制与保护系统、专设安全设施、一回路监测系统等，并要论证机组是否仍具有充分的安全性。

如安全论证及技术经济分析表明机组修复是可能的和合理的，则应制订周密的检修计划。若论证结果表明机组已无法修复或在经济上不合理，则应论证需采取的处置措施。

（3）正常生活秩序的恢复

当事故已终止，污染区域的去污工作已完成时，即可逐步解除事故中临时规定的各种限制，恢复正常的生活秩序，其中包括：①当水源、食品中的放射性水平已符合国家标准时，即可解除对食物及水源的管制。②当污染区域去污工作已完成，放射性水平已低于国家标准时，即可解除交通管制，撤离的居民可以搬回原住宅。在某些特殊情况下，如局部地区污染严重，预计某些居民在相当长时间内不能搬回原住址，则需做永久性的搬迁安排。③逐步恢复商业、公共事业等部门的正常活动。

（4）医学治疗与跟踪

对受照伤员的治疗可能需很长时间，特别是重度放射性损伤及有严重体内污染的伤员，必须精心安排其医学治疗及护理。

要建立所有事故中受到异常照射的人员的保健及医学档案，并根据具体情况，进行必要的医学跟踪。对某些特殊人员可能需给出合理的医学建议。

复习思考题

1. 必须对核电厂的安全运行负全面责任的主体是谁？

2. 核电厂的安全运行必须接受什么部门的监督？

3. 核电厂的运行规程是包含什么内容的书面文件？它由哪些规程组成？

4. 什么是核电厂的机组能力因子？什么是非计划能力损失因子？调研某一个具体核电厂的机组能力因子与非计划能力损失因子。

5. 什么是 7 000 h 反应堆临界非计划自动紧急停堆数？调研某一个具体核电厂的该参数。

6. 核事故应急管理主要包括哪些内容？

7. 国家核事故应急管理机构、地方核事故应急管理机构和核电厂的核事故应急机构的主要职责分别是什么？

8. 什么是应急评价？

9. 核电厂发生严重事故时，极易被人体吸收并蓄留于甲状腺的是什么核素？对此应该采取什么应急措施？

第 4 章　核电厂事故分析方法

4.1　核电厂事故分析方法概述

核电厂事故分析的内容包括核电厂可能发生事故的种类及发生频率；确定事故发生后系统的响应及预计事故的进程；评价各种安全设施及安全屏障的有效性；研究各项因素及操纵员干预对事故进程的影响；估计事故情况下核电厂的放射性释放量及计算工作人员与居民所受的辐射剂量等。事故分析贯穿于核电厂选址、设计、建造、调试、运行和退役等各个阶段。例如，在核电厂设计过程中，事故分析用于选取停堆保护信号，确定停堆参数整定值和停堆延迟时间，确定缓解事故的专设安全设施的参数。

为确保核电厂安全，凡申请核电厂建造许可证和运行执照的申请者，在每次申请时都必须递交安全分析报告。在此报告内要求有一章包含对各种可能出现的反应堆事故工况进行深入的分析，其目的在于表明该设计足以承受这些事故或减轻事故后果，保证公众健康与安全不会受过度的危害。所分析的范围从频繁发生的、危害较小的次要瞬态直到极罕见但后果极严重的事故。分析的目的在于表明该核电厂设计足以控制这些事件的后果，工作人员、公众和环境不至于承担不适当的放射性风险。此外，通过事故分析，操纵员对核电厂各种事故现象有较为深入的了解。这对操纵员进行事故处理和保证核电厂安全也是非常重要的。通过严重事故分析，还可以找到核电厂的薄弱环节，有助于提高核电厂的安全性。严重事故分析还可作为制定应急预案的依据。

事故分析采用确定论及概率论方法，这两种方法相辅相成。设计基准事件的分析，以确定论方法为主；严重事故的分析，两种方法并用，侧重于概率论方法。

4.1.1 确定论安全分析

确定论安全分析从系统及部件失效和损坏，或人员失误的角度，假定事故确定地发生，按照分析问题的要求，选用保守或现实模型以及一系列规则和假设，分析、计算整个核电厂系统的响应，直至得到该事故的放射性后果。

确定论分析方法中选取的保守模型，又称评价模型。在分析中采用的初始条件及各项参数，均须从不利方面加上不确定性。要选用保守的各种关系式及标准，此外还必须考虑 4 项基本假设。保守模型一般用于核电厂安全审批过程，在该模型中考虑了最不利的情况，得出的是事故后果的极限值，给核电厂留有相当大的安全裕度。其缺点是分析所得的事故过程，有时与真实情况相差较远，使得工作人员不能了解过程的实际变化。

而现实模型又称最佳估算模型。在分析中采用核电厂的运行参数或参数的平均值，尽量选用接近真实情况的关系式及标准，不考虑不合实际的保守假设。因而所得结果能接近真实情况。现实模型经常用于核电厂操作规程的制定和严重事故分析。作为一种尝试，目前正在研究使用现实模型分析，在其结果上加上适当裕度，作为代替保守模型或平行于保守模型的一种方法。

确定论安全分析方法必须包括：

（1）制定和确认所有安全重要物项的设计基准；

（2）表征与核电厂设计和厂址相适应的假设始发事件；

（3）分析和评价假设始发事件导致的事件序列，以确认鉴定要求；

（4）将分析结果与验收准则、设计限值、剂量限值以及可接受限值进行比较，以满足辐射防护要求；

（5）论证通过安全系统的自动响应并结合所规定的操纵员动作，能够管理预计运行事件和设计基准事故；

（6）论证通过安全系统的自动响应和利用安全设施功能并结合预期的操纵员动作，能够管理设计扩展工况。

4.1.2 概率安全分析

概率安全分析把整个系统的失效概率通过结构的逻辑性推理与它的各个层次的子系统、部件及外界条件等的失效概率联系起来，从而找出各种事故发生的频率，也称概率安全分析。概率论方法是以对“事件树”和“故障树”的分析为基础的。

事件树分析方法先建立事件树，即进行功能模化，继始发事件之后，把各项与安全相关的功能按失效与否逐级展开，就能得到一系列后果不同的事件序列。图 4-1 是某核电厂采用事件树进行分析的局部事件树示意图。

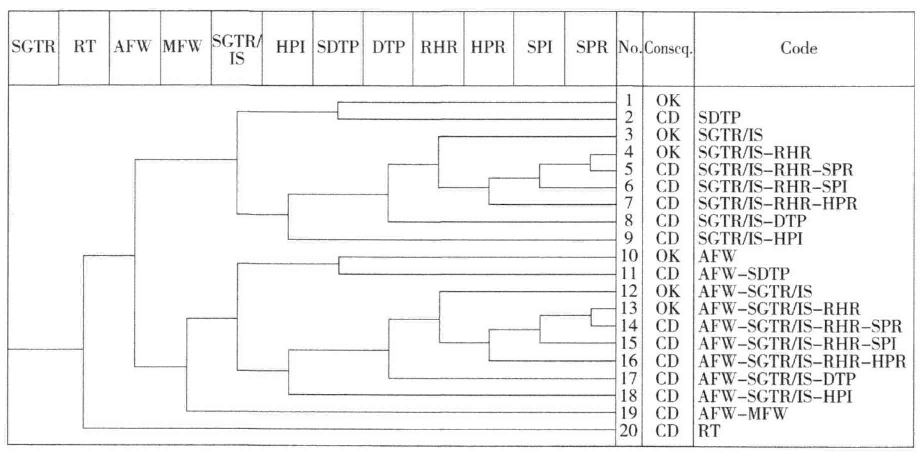

图 4-1 局部事件树示意图

故障树分析方法把系统的失效作为分析的目标，由此反推，寻找直接导致这一失效的全部因素，直至无须再深究其发生的原因为止。把系统失效称为“顶事件”，无须再深究的事件称为“底事件”，介于这两者之间的一切事件称为“中间事件”。在分析中，这些事件用相应的符号表示，并用适当的逻辑门把它们连接成倒置的树形图（图 4-2），从而得到描述系统失效的一系列部件失效模式的逻辑图，即故障树。

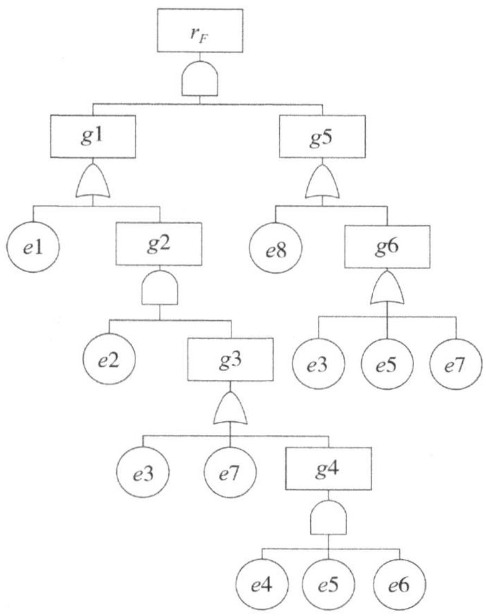

图 4-2　故障树示意图

以故障树为工具可以进行定性及定量两方面的分析。在定性分析方面，往往可以找出某一关键性的子系统或部件，或找出控制全局的某一条事件链。在这类情况下，就可以考虑是否有必要添加冗余部件。在定量分析方面，可以通过运算得出系统的失效概率。这种方法的特点是除了能分析组成系统的各个部件对系统失效概率的影响，还可以考虑维修、环境和人为因素的影响。因此不仅可以分析单一部件失效的影响，还可以分析两个以上部件共因失效的影响。

核电厂的概率安全分析通常是在三个级别上进行的。一级概率安全分析用于确定可导致堆芯损坏的事件序列及这些序列的估算频率，可对设计上的弱点及防止堆芯损坏的方法提供重要见解。二级概率安全分析用于确定核电厂可发生放射性释放的途径，并估计其数量和频率，能从放射性释放的严重性方面对造成堆芯损坏的各事故序列的相对重要性提供见解，并对改善事故处置的方法提供见解。三级概率安全分析用于估计公众健康风险和其他社会风险，并对预防和缓解给公众健康带来负面影响或使土壤、空气、水或食物遭到污染的有害后果采取的相应措施提供相对重要的见解。

各个国家已经用概率安全分析方法对严重事故源项进行了重新估算，制定了相应的对策，并提出了安全目标。现在概率安全分析技术已比较成熟，成为广泛应用的安全分析工具。

概率安全分析是一种系统的、安全的数量分析方法，可以把安全有关信息（如事件发生频率、事故后果、设备可靠性、分析的不确定性等）数量化，综合进一个连贯的框架，从而可以提供一个核电厂安全的全面图景，揭露其中的薄弱环节，有利于实现总体平衡，优化资源配置，提高安全性和经济性。

概率论方法必须适当考虑核电厂所有运行模式和所有状态（包括停堆工况）下的概率安全分析，特别是：

（1）论证整个设计是平衡的，没有任何一个设施或假设始发事件对总的风险会有过大的或明显不确定的贡献，且纵深防御的各层次应尽实际可能独立；

（2）确认核电厂不存在陡边效应；

（3）将分析结果和已规定的风险准则进行比较。

4.1.3 核电厂运行事件分类

核电厂运行事件分类，是指按事件预计发生的频率分类，其目的是确定各种事件的验收准则。发生频率高的事件要求其后果轻微，后果严重的事件要求其发生频率极低。核电厂运行事件可分为三类五级。

（1）第一类为正常运行及运行瞬变。包括：

工况Ⅰ事件（normal operation and operational transients）：它包括正常运行及运行瞬变。核电厂的正常稳态功率运行，停堆状态，带有允许偏差的运行（如少量燃料包壳泄漏，蒸汽发生器泄漏），启动和停堆过程、冷却卸压过程及负荷变化过程，均属工况Ⅰ事件。

AP1000 的带有允许偏差（没有超过技术规格数的规定）的运行事件包括：

1）某些系统或部件不在役运行（如一组控制棒组件不能操作）；

2）燃料包壳的有限泄漏；

3）冷却剂系统带放射性（包括裂变产物、腐蚀产物和氚）；

4）蒸汽发生器传热管破损；

5）调试。

工况Ⅱ事件（faults of moderate frequency）：又可称为常见故障，中频事件和预期运行瞬变。其发生频率：$F>10^{-2}$/堆年。

即在核电厂的寿期内可能发生一次或数次。这里“预期”即在一个核电厂寿期内很可能发生的意思。这类事件包括汽轮机停机、全部主泵失去电源等。

这类事件的最严重后果就是导致停堆，并且电厂可以在故障排除后恢复运行，不得导致燃料元件损坏、冷却剂系统故障或二回路系统超压。根据定义，这类事件不能导致更为严重的事故。

（2）第二类为假想事故（postulated accidents），包括：

工况Ⅲ事件（infrequent faults）：可称为稀有事故，其发生频率：10^{-4}/堆年$<F<10^{-2}$/堆年。

对于单个核电厂来说不大可能出现，从整个核电厂运行经验积累来说，有可能出现。工况Ⅲ事件的例子为一、二回路管道小破裂。

工况Ⅳ事件（limiting faults）：可称为极限事故，其发生频率：10^{-6}/堆年$<F<10^{-4}$/堆年。

这种事故预期不会发生，故称假想事故，用来对核电厂的安全设施提出要求。这类事故危害大，如大破口失水事故。应当指出，从核电厂运行历史来看，一些原来认为预期不会发生的事故也发生了，如蒸汽发生器传热管破裂事故、主给水管道破裂事故，它们均发生过不止一起。

（3）第三类为严重事故（severe accidents），它是指燃料元件严重损坏，堆芯熔化，安全壳完整性受到破坏，有大量放射性物质释放的事故。

在安全分析时称工况Ⅰ、Ⅱ、Ⅲ、Ⅳ为设计基准事件。由Ⅱ类工况及Ⅲ类工况的分析规定了反应堆保护系统的要求，由Ⅲ类工况和Ⅳ类工况的分析保证了专设安全设施的正确设计。为满足Ⅲ、Ⅳ类工况的基于满足单一故障准则的纵深防御和多道屏障设计对防止和缓解严重事故是十分有效的，但安全设计主要考虑设计基准事故，有可能在应付严重事故方面存在某些薄弱环节。因此，要求核电厂除作出安全分析报告外（含有全部设计基准事件的分析），还应作出防止和缓解严重事故的对策报告。利用设计扩展工况的安全设施和管理措施来缓解严重事故的后果。

4.1.4 验收准则

核电厂事故分析的验收准则分通用验收准则和具体验收准则。通用验收准则为：

1）工况Ⅰ：引起的物理参数变化不会达到触发保护动作的整定值。

2）工况Ⅱ：当达到规定的限值时，保护系统能够关闭反应堆。但是进行了必要的校正动作后，反应堆可重新投入运行。工况Ⅱ事件不得诱发后果更严重的事件。

3）工况Ⅲ：引起反应堆中受损伤的燃料元件数不得大于某一小的定值。不影响堆芯的几何形状，并认为堆芯冷却是正常的。工况Ⅲ事故不会引起工况Ⅳ事故，不得进一步损伤反应堆冷却剂系统和反应堆安全壳屏障。放射性释放不得限制居民使用场外附近地区。

4）工况Ⅳ：可以导致燃料元件重大损伤，但堆芯几何形状不受影响，堆芯冷却可以保持。工况Ⅳ事故不得引起限制其后果的系统丧失功能。反应堆冷却剂系统和反应堆安全壳厂房不会受到附加的损伤。放射性释放在许可限度内。

针对压水堆的具体验收准则对于工况Ⅱ事件：

1）燃料元件不烧毁，对于这一条易于执行和稍严的准则为不发生DNB，或是 DNBR 在 95/95 限值以上。

2）一回路压力小于 110%设计值。

3）放射性后果按正常排放允许值控制。

对于工况Ⅲ及工况Ⅳ事件：

1）燃料元件保持可冷却状态，通用的判断标准为长时间高温下包壳峰值温度 PCT＜1 204℃（2 200°F），短时间高温下 PCT＜1 482℃（2 700°F）。

2）一回路压力小于 120%设计值。

3）放射性后果以厂区边界 2 h 剂量及低人口区边界 8 h 剂量计算。按美国标准，甲状腺剂量 3 000 mSv，全身剂量 250 mSv，并按事故预期的频率大小取此标准的 100%、25%及 10%。按法国标准，工况Ⅳ事件，甲状腺剂量为 450 mSv，全身剂量为 150 mSv；工况Ⅲ事件，甲状腺剂量为 15 mSv，全身剂量为 5 mSv。应该指出，放射性后果分析的不确定性很大，剂量标准应与分析方法结合在一起考虑。根据《核动力厂环境辐射防护规定》（GB 6249—2011），我国在发生选址假想事故时，考虑保守大气弥散条件，非居住区边界上的任何个人在事故发生后的任意 2 h 内通过烟云浸没外照射和吸入内照射途径所接受的有效剂量不得大于 250 mSv；规划限制区边界上的任何个人在事故的整个持续期间内（可取 30 天）通过上述两条照射途径所接受的有效剂量不得大于 250 mSv。在事故的整个持续期间内，厂址半径 80 km 范围内公众群体通过上述两条照射途径接受的集体有效剂量应小于 2×10^4 人·Sv。

前文中第 1）条中的“短时间高温”限值主要适用于事故过程像主泵断轴事故、弹棒事故那样在很短的时间内发生包壳峰值温度的情况。对于失水事故等时间跨度较长的事故过程来说，则适用于“长时间高温”限值。第 2）条的“设计值”是指一回路压力容器的设计压力，而不是运行压力。

4.2 事故分析的基本假设

4.2.1 参数保守性假设

事故分析采用的初始条件及各项参数均取保守值，即取值对后果会产生不利影响。但究竟取正不确定性还是取负不确定性，常常需要经过仔细考虑，甚至必须经过敏感性分析才能确定。为决定如何取保守值，有 3 个方面是必须虑及的：

（1）所分析的事故的过程特征；

（2）事故分析针对哪一项验收准则；

（3）在事故分析中，采用的是哪一种停堆信号。在以后各章中，将针对各种事故讨论保守值的选取。

下面列举一些需考虑取保守值的项目及通用的不确定性值：

（1）运行参数需考虑不确定性（控制系统死区，仪表误差及波动）。例如，初始功率+2%，初始温度 ± 2.2℃（4°F），稳压器压力 ± 2.1 bar（30 psi）。稳压器水位取 ± 2%，SG 二次侧水位取 ± 5%等。主冷却剂流量一般取设计值。这实际上已加上了保守性，因实际流量往往会大于设计流量，而且如取较小的保守值会影响冷却剂温度的决定。SG 二次侧的压力往往由热平衡决定，不必预先规定正负不确定性。

（2）堆物理参数：慢化剂温度（密度）反应性系数取后果最大的寿期的数值，甚至取为零值。如对于确定寿期的分析，则取 ± 10%不确定性，燃料多普勒反应性系数取 ± 15%。控制棒价值计算取 15%不确定性。

（3）停堆信号应取安全级信号。法国的分析中不取第一个到达的停堆信号，可参考执行。停堆设定值需带上保守性。停堆信号至控制棒开始自由下落的延迟时间，应按实验结果加上保守性，控制棒负反应性引入曲线，应取趋底型（下凸型）曲线。

（4）金属结构热容量及传热面积，一般取 ± 10%不确定性。

（5）稳压器及 SG 安全阀开启压力，也应取保守值。

4.2.2　其他必要的保守性假设

除考虑以上不确定性以外，分析时还需要做一些必要的假设。

（1）假设失去场外电源。

核电厂通用设计标准 GDC17 规定必须考虑此项假设。应选择有、无或某一时刻失去场外电源 3 种情况中哪一种产生最不利的后果。此项假设适用于分析Ⅱ、Ⅲ、Ⅳ类工况。规定此项假设的理由为此属于继发故障（核电厂事故引起电网紊乱）。

正如美国联邦法规 10 CFR Part 50 的 GDC-17 附录 A 规定的，失去场外交流电是一种预期运行事件并且需要被当作预期事件进行分析。失去场外电并不被看作单一故障，并且分析也不需要改变事件的分级情况。在分析时，失去场外交流电被认为是一种潜在的事故状态。

失去场外交流电被看作由于电网破坏导致汽轮机停机引起的一系列事件。在分析与失去场外电影响无关的事件时，不需要假定失去场外电。

对于失去场外电时间，要分析的是汽轮机停机和假想的失去场外电的时间差。使用的延迟时间为 3 s。这个时间是从电网的固有稳定性得到的。在这个延迟时间之后，要分析的是对电厂辅助设备（如主泵、主给水泵、稳压器、起始给水泵和控制棒组件系统）的影响。汽轮机停机 5 s 后达到反应堆停堆条件。这种延迟是 AP1000 的反应堆停堆系统的一部分。

GDC-17 中规定的失水事故分析也要考虑失去场外电的情况。由于 AP1000 的所有安全相关的系统都是非能动的，所以唯一与失去场外电相关的是失水事故情况下，反应堆冷却剂泵的作用。AP1000 的精确分析中，在失去场外交流电的情况下，大破口失水事故中，冷却泵在 10 s 内收到一个安全级“S”信号跳闸进入瞬态。对于小破口失水事故，AP1000 冷却泵自动跳闸避免泵继续工作使气液相混合形成两相冷却系统，导致液体泄漏速度增加并且在破口下快速排空冷却剂。由于应急堆芯冷却系统启动，要么在 0 时刻就有总破口流量非常接近于冷却泵跳闸流量，要么就有“S”信号。这使得自动跳闸发生在小破口事件瞬态的早期，所以并不受失去场外电的影响。无论在失水事故中还是在其他假想事故中，失去场外电并不重要，因为无论在哪种情况下，冷却泵早就在长期冷却阶段前就停止工作，不对其造成影响。

AP1000 的保护和安全监视系统与被动安全保护系统并不依赖于场外交流电或者任何备用的柴油发电机。在失去交流电后，保护和安全监视系统与被动安全保护系统能够完成安全保护的功能并且在完成功能时不会存在更多的时间延迟。

（2）假设最大价值的一组控制棒卡在全抽出位置（卡棒假设）。

GDC26 规定必须考虑此项假设。适用于分析Ⅱ、Ⅲ、Ⅳ类工况。实际上，在确定停堆反应性引入曲线时，就计入这项假设。

（3）仅考虑安全级设备的缓解事故的作用。对于非安全级设备仅考虑其对事故的不利影响。

在法国实践中要求用于Ⅱ、Ⅲ、Ⅳ类工况的分析。美国实践中仅要求用于Ⅲ、Ⅳ类工况（假想事故）的分析，美国安全当局认为Ⅱ类工况为常见的故障，不影响设备的功能，所做分析合乎实际情况较好。但如果采用保守的方法，仅假设安全级设备起到缓解作用也是可以被接受的，而且大部分安全分析报告也是如此假设的。

（4）需假设极限的单一故障。

法国实践中要求用于Ⅱ、Ⅲ、Ⅳ类工况的分析。美国实践中仅要求用于Ⅲ、Ⅳ类工况（假想事故），对于上一项假设，若在Ⅱ类工况分析中也采用了此项假设，也是可以接受的。

4.3 设计基准事故

必须根据假设始发事件清单得出一套设计基准事故，用于设定核电厂需承受的边界条件，以保证满足辐射防护限值。

为了分析压水堆核电厂的安全性，选择了一些既有代表性又有包络性的事故作为设计基准事故，由这些事故组成事故谱。核电厂的安全分析报告（safety analysis report）要针对事故谱内的所有事故进行安全分析，而核电厂的标准审查大纲（standard review plan）则需要对事故谱中的每一个事故明确相应的验收准则。

必须使用设计基准事故来确定控制设计基准事故所必需的安全系统和其他安全重要物项的设计基准，包括性能准则等，目的是使核电厂返回到安全状态和减轻事故后果。

针对设计基准事故工况，设计必须使核电厂关键参数不超出规定的设计限值。基本目标是控制所有的设计基准事故，使厂内、外没有或仅有微小的放射性后果，并且无须采取任何场外防护行动。

设计安全规定要求必须用保守的方法来分析设计基准事故。该方法包括在分析中假定安全系统的某些故障模式，规定设计准则，采用保守的假设、模型和输入参数等。

安全重要物项的设计基准，必须针对有关的运行状态、事故工况以及由内部和外部危险导致的工况，详细说明其必需的能力、可靠性和功能，以在核电厂整个寿期内满足特定的验收准则。必须系统地论证安全重要物项设计基准的合理性，并形成文件。这些文件必须能为营运单位安全运行核电厂提供必要的信息。

核电厂按确定的设计准则在设计中采取了针对性措施的那些事故工况。这是一组有代表性的，能冲击核电厂安全，并经有关规章确定下来的事故的集合。按照这一组事故，对核电厂进行分析计算，将结果与可接受限值相对比，可以评价核电厂是否符合安全要求。

设计基准事件的选择以工程判断、设计经验及运行经验为基础，经不断改进而逐渐完善。目前应用得比较广泛的是NRC颁布的安全导则1.70中列出，又经标准审查大纲加以补充说明的一组要求考虑单一故障的事件。这些事件按性质可归为8类，详见表4-1。

表4-1　设计基准事故一览

事故归类	事故
由二回路系统引起的排热增加	（a）给水温度降低； （b）给水流量增大； （c）蒸汽流量增大； （d）蒸汽发生器的一个卸压阀或安全阀的意外开启； （e）压水堆蒸汽系统安全壳内外管道破裂
由二回路引起的排热减少	（a）场外负荷丧失； （b）汽轮机停车； （c）冷凝器真空丧失； （d）主蒸汽隔离阀关闭（沸水堆）； （e）蒸汽压力调节器故障（关闭）； （f）电厂辅助设备的非应急交流电源丧失； （g）正常给水流量丧失； （h）安全壳内外的给水管道破裂（压水堆）
反应堆冷却剂系统流量减少	（a）反应堆冷却剂丧失强迫流动； （b）反应堆冷却剂泵的转子卡住和泵轴断裂
反应性和功率分布异常	（a）控制棒组件在次临界状态或低功率启动状态下的失控抽出； （b）控制棒组件在功率运行下的失控抽出； （c）控制棒误动作（系统误动作或运行人员差错）； （d）一条不用的反应堆冷却剂环路或再循环环路在不适当温度下的启动以及流量控制器失灵引起沸水堆堆芯流量增大；

续表

事故归类	事故
反应性和功率分布异常	(e) 化学和容积控制系统失灵（压水堆）引起反应堆冷却剂中硼浓度降低； (f) 燃料组件意外装错位置和在错误位置下运行； (g) 各种弹棒事故（压水堆）； (h) 各种落棒事故（压水堆）
反应堆冷却剂装量的增加	应急堆芯冷却系统意外运行和化学与容积控制系统的失灵引起反应堆冷却剂装量增加
反应堆冷却剂装量减少	(a) 压水堆稳压器的一个卸压阀或沸水堆一个卸压阀的意外开启； (b) 安全壳外装有一回路冷却剂的小管线故障引起的放射后果； (c) 蒸汽发生器传热管故障引起的放射后果（压水堆）； (d) 安全壳外主蒸汽管线破损引起的放射后果（沸水堆）； (e) 反应堆冷却剂压力边界内的各种假设的管道破裂引起的失水事故
来自子系统或部件的放射性物质释放	(a) 废气系统故障； (b) 放射性废液系统泄漏或故障（向大气释放）； (c) 装盛液体的贮罐破损引起的假设放射性物质释放； (d) 燃料装卸事故引起的放射后果； (e) 乏燃料运输容器掉落事故
未能紧急停堆的预计瞬态（ATWS）	(a) 失去非应急交流电源 ATWS； (b) 失去主给水 ATWS； (c) 失控提棒 ATWS

其他国家确定的设计基准事故与之相比，有一些事故的增减，也有一些工况划分上的不同，但相差不大。

在过去，特别是在三里岛核事故之前，在事故分析上，几乎把研究工作都集中到大破口失水事故上，把这一事故等同为设计基准事故或最大可信事故，认为这一事故代表了对核电厂最严峻的考验，若能经受这一事故，也就能经受其他一切事故。这种观点是很片面的。

设计基准事故中，有一些极限事故因物理过程有特点，可作为核电厂事故的典型例子。这些事故包括主蒸汽管道破裂事故、主给水管道破裂事故、反应堆冷却剂泵泵轴卡死及泵轴断裂、控制棒弹出事故、蒸汽发生器传热管破裂事故、大破口失水事故、小破口失水事故、未能停堆的预期运行瞬变。

4.4 核电厂事故的计算机模拟

根据一定的物理模型，建立各种计算机程序，以分析各种可能发生的事故瞬态，是确定论事故分析的基本方法。分析程序可用于堆型研究、核电厂设计、审批、运行、规程以及应急预案制定等各个方面。

在用确定论方法进行事故分析中，大致涉及以下 6 种程序。

（1）核电厂系统分析程序。可以模拟核电厂的一、二回路系统以及稳压器、蒸汽发生器、泵、阀门、燃料元件等设备。具有能计及各种反应性反馈的中子动力学模型。程序的规模大，总体上分析核电厂在失水事故及各种瞬变过程中系统的响应，是事故分析中最主要的程序，如 RETRAN 系列程序、RELAP 系列程序、TRAC 系列程序等。

（2）堆芯分析程序。也可称为子通道分析程序，它以系统程序计算的结果为边界条件，考虑堆芯内各处的燃料元件发热的不同，以及相邻流道之间质量、动量和能量的交换，因而能计算出具有开式栅格的堆芯的流场和焓场，得出各处燃料元件的芯块中心温度、包壳表面温度和 DNBR 等参数。这类程序有 COBRA 系列程序、ASSERT、SUBCHAN 等。

（3）燃料元件分析程序。用于分析在事故工况下面临破坏的燃料元件形状，在程序中提供了包括热辐射在内的各个阶段的传热模型，可以模拟包壳与芯块之间间隙的变化，燃料元件的肿胀、破裂以及流道的阻塞。这种程序也以系统分析程序的结果为输入数据，如 FRAP-T6，TOODEE2 / MOD3。

（4）堆物理分析程序。用于做弹棒事故以及反应性事故的分析计算。精确的分析需要用三维中子动力学程序和三维热工水力分析程序耦合进行计算，这种程序很耗费计算时间，在进行大量计算时，一般采用经过三维程序校核过的一维程序，如 PDK-Ⅱ程序。

（5）安全壳热工水力响应分析程序。分析核电厂一、二回路破裂，大量质量和能量喷放到安全壳内时，安全壳内的压力和温度的变化，如 CONTEMPT-LT/ 028、CONTAIN 系列程序、PCCSAC 系列程序等。

（6）放射性后果分析程序。这类程序描述放射性物质在系统内的转移、沉积、衰变、向环境的释放以及在大气中的弥散并计算人员遭受的放射性剂量。这类程序的不确定性很大。典型的有 CADITAL 程序、SGTR 程序。

下面简要介绍一下 AP1000 事故分析中采用的主要程序。

1）FACTRAN

FACTRAN 用于计算燃料元件棒截面的温度分布以及包壳表面的热流密度（需要输入功率、冷却剂的压力、流量、温度和密度随时间变化的边界条件）。程序的主要特性如下：

①径向可以划分较密的栅元用于模拟快速的瞬态（如弹棒事故）；

②材料的物性是基于温度的函数，有比较精细的气隙传热模型；

③具备分析 DNB 发生后的行为，包括膜态沸腾传热、锆水反应、燃料部分熔化等。

2）LOFTRAN

LOFTRAN 程序是瞬态系统分析程序，其模型和 RETRAN 程序十分相似，有些地方稍有改进。可模拟堆芯、冷热腿、蒸汽发生器等主要设备，还可以模拟稳压器加热器、喷淋和安全阀动作。蒸汽发生器的二次侧采用均匀流模型。中子物理学模型采用点堆模型，可考虑慢化剂、燃料、硼和控制棒的反应性效应。

保护和停堆系统采用超功率、超温、高压和低压、低流量和稳压器高水位信号。

LOFTTR2 是 LOFTRAN 的改进版本，可以分析非能动余热去除系统的热交换器、堆芯补水箱以及相关的保护系统。其改进了破口喷放模型，改进了蒸汽发生器二次侧的模型，并可以模拟 SGTR 事故中操纵员的干预行为。

3）TWINKLE

TWINKLE 是一个多维中子动力学程序，采用两群扩散模型，6 组缓发中子，用详细的燃料-包壳-冷却剂的传热模型分析多普勒效应和慢化剂反馈。

TWINKLE 主要用于分析中子注量率的空间分布发生较大变化的情况。

子通道分析程序采用 VIPRE-01。泵在失电后的转速和流量变化用 COAST 程序分析。

复习思考题

1. 核电厂事故分析的主要内容是什么？

2. 核电厂运行事件是怎么分类的？

3. 工况 II 事件的通用验收准则是什么？针对压水堆的具体验收准则是什么？

4. 压水堆核电厂的设计基准事故中，有哪些极限事故？

5. 在用确定论方法进行事故分析中，需要用到哪些计算机程序？

第 5 章　典型设计基准事故分析

5.1　失流事故

5.1.1　概述及定义

核动力反应堆是借助主循环泵即送冷却剂实现强迫循环来冷却的。核反应堆设置的冷却剂环路数目有多种，常见的有二环路、三环路和四环路，也有 2×4 环路的设计（2 条热腿和 4 条冷腿并包含 4 个主循环泵）。

当反应堆功率运行时，主循环泵因动力电源故障或机械故障而被迫停止运行，使冷却剂流量减少，降低堆芯的传热能力，这就是失流事故。

在各种失流事故中最常见的、最需要重点防止的是主泵失去电源。核电厂设计时对此有较多的考虑，以降低它发生的频率。主泵的第一选择电源是本厂发电机电源，当本厂发电机有故障时会自动接入主场外电源（两个方向来的两路独立电源）。如果失去场外电源（既不能输入功率，也不能输出功率），也不需要停堆，本厂发电机可继续低功率运行，向厂内负荷供电（称为孤岛运行）。主泵失电后，借助泵轴上巨大的飞轮贮存的能量，可维持较长时间惯性流量。

在核电厂安全分析报告中，应分析讨论的失流事故有以下 3 种情况：

（1）部分失去反应堆冷却剂强迫流量（简称部分失流）

反应堆功率运行时，n 个主泵投入工作状态，少于等于 n−1 个主泵失去电源而惰走，使堆芯流量减少的事件。这种事件属Ⅱ类工况。

三环路核电厂满负荷运行时 1 个主泵失电或 2 个主泵失电，或在较低功率运行时（60%FP），2 个主泵投入工作，1 个主泵失电，这 3 种情况均为部分失流事件，均应予以考虑。

（2）全部失去反应堆冷却剂强迫流量（简称全部失流）

全部失流分两种情况：①全部投入运行的主循环泵，同时失去电源，继而惰走。②主泵由外电源供电，因电网故障而频率下降（一般假设 4 Hz/s），使主泵受到很大的反力矩，以与外电源相同的相对减频率减速。分析这一情况时，假设在达到停堆整定值时，一个主泵供电线路上的断电器未能打开。这些事件均属Ⅱ类工况。

（3）主泵泵轴卡死或断裂

假设一个主循环泵的轴突然断裂，使该泵失去动力，且转子贮存的动能不能利用，属于Ⅳ类工况。

对于主泵卡轴及主泵断轴这两个假想事故，多数分析中，不做停堆同时完整泵失电的假设。但按严格的分析方法来说，则应当做此假设。而分析结果表明，假设完整泵在停堆同时失电，影响不显著。

5.1.2 失流事故过程特征

失流事故的过程特征是由冷却剂流量下降和堆芯功率下降两方面的因素决定的。冷却剂流量下降将使冷却剂的温度和压力升高，燃料元件包壳温度升高，系统参数的变化，触发停堆保护系统，经过一定的响应延迟时间及控制棒下落至有效位置所需时间，堆功率开始下降，又经历了由燃料元件内部贮能再分配造成的元件表面热流量下降的延迟，冷却剂温度与压力、燃料包壳温度越过峰值而下降，事故得到缓解。在全部主泵停止运行的情况下，系统内维持一定的自然循环流量带走衰变热。

5.1.3 失流事故验收准则

对于Ⅱ类工况（部分失流或全部失流）：

（1）包壳表面最小 DNBR＞95/95 限值；

（2）一回路压力＜110%设计值；

（3）放射性后果按正常运行考虑。

对于Ⅳ类工况（卡轴或断轴）：

（1）保持堆芯的完整性：包壳温度＜1 482℃，芯块截面平均焓＜1 170 kJ/kg（280 Cal/g）；

（2）一回路压力＜120%设计值；

（3）反射性后果：厂内 2 h 内，低人口区 8 h 内甲状腺剂量低于 3 000 mSv，全身剂量低于 250 mSv。

冷却剂流量下降，将使冷却剂温度上升，元件表面的临界热流密度下降，表征偏离泡核沸腾裕度的 DNBR 也就下降，如果堆功率下降过慢，燃料元件得不到足够的冷却，就会有过热损伤的危险。在失流事故的 3 项验收准则中，以包壳表面最小 DNBR 或表面温度不超过限值最为重要。冷却剂因温度升高而膨胀，将使一回路升压，但一般来说，这一升压过程不严重，失流事故不会构成一回路抗超压能力的设计基准。在多数情况下，只需在做 DNBR 分析时，附带注意一下一回路压力变化就可以了。失流事故不破坏 RCS 压力边界，一般不需要计算反射性后果，只有当失流事故引起大量元件损坏，引起 RCS 比放有很大增加时，才需要计算一回路向蒸汽发生器壳侧的泄漏，继而通过释放阀及安全阀排放至环境的反射性剂量。

为了抗御失流事故，在核电厂设计中需要做很多考虑，许多参数的确定需要依据失流事故的分析。影响失流事故的主要因素包括：

（1）功率水平及功率不均匀因子 F_q；

（2）停堆保护系统信号及延迟时间；

（3）控制棒的下落速度；

（4）泵转子的惯量；

（5）蒸汽发生器与堆芯的高差。

在上述各点中，限值功率水平尤为重要。对于一个核反应堆来说，功率的提高不受中子动力学上的限制，而受传热学上的限制，而且这种限制不是因稳态运行时没有热工上的裕量，而是受到了设计基准事件中验收准则的限制。从目前见到的核电厂的事故分析来看，限制功率的事件是非常集中的，大致85%的压水堆核电厂受限于大破口失水事故过程中的燃料元件包壳温度，其余15%则受限于全部失流事件DNBR，有相当一部分核电厂是受这二者共同限制的。大破口失水事故分析具有很大的保守性，计算得到的峰值温度与现实模型的分析结果相差极大。目前，美国NRC正讨论修改规章，改变大破口失水事故的分析模型。这就会使得受大破口失水事故包壳温度限制功率的核电厂大为减少。因而大多数核电厂均将用失流事故的DNBR来限制功率。如何改进核电厂的设计，使之容易满足失流事故的验收准则，是设计中需要重点考虑的问题；如何准确地分析失流事故，是审核核电厂是否安全的重要方面。

缓解失流事故的安全措施，仅有停堆保护系统，以一个实际核电厂为例，与失流事故有关的停堆信号如下：

（1）当功率＞10%时，

1）低流量信号（3取2逻辑）于2个环路[①]；

2）打开两个泵断路器（1取1逻辑）；

3）低-低泵速于2个环路（1取1逻辑）。

（2）当功率＞30%时，

1）低流量信号（3取2逻辑）于1个环路；

2）打开1个泵断路器（1取1逻辑）。

由于保护系统的设计，总是当反应堆处于高功率时，保持有处于低功率时所具有的全部停堆信号，所以当功率＞30%时，也具有低-低泵速于2个环路的停堆信号。

此外，保护系统还设有电源母线低电压停堆信号（70%电压，2取1逻辑）和电源母线低频率停堆信号（～95%频率，2取1逻辑）。达到整定值的速度，以电信号最快，泵速信号次之，流量信号最慢。一些保守的分析，

---

① “3取2逻辑”指的是若3个输入信号里面有2个信号为真时，输出为真，目的是提高信号的可靠性，既可避免由于一个传感器信号故障导致的误动作，也可避免由于一个传感器故障而不动作。

特别是按照法国的实践，分析中对第一个到达的停堆信号总是不予考虑，不考虑电信号的响应。在美国的分析中，全部失流如采用低流量停堆信号，则不能满足验收准则（会发生 DNB），而采用电源低电压信号，也是可以接受的。

按上述停堆信号，并考虑单一故障的发生，对于 2 个主泵失电的部分失流工况，应取低-低流量于一个环路（或 2 个环路）的信号；对于全部失流，可取低-低泵速于 2 个环路的信号，对于卡轴以及断轴，均取低-低流量信号。由此可以知道，全部失流因控制棒下落较早，其后果不一定比部分失流的后果严重。

5.1.4　分析方法及泵模型

分析失流事故需要采用 3 种程序做分析计算：

（1）用系统分析程序计算堆芯流量变化；

（2）用堆芯程序计算堆芯最小 DNBR，对Ⅳ类工况需给出 DNBR 小于限值的元件棒数；

（3）用燃料元件分析程序计算燃料元件的包壳及芯块温度（当最小 DNBR 大于限值时，可以不做此计算）。

泵一般用来将一种流体从一处输送到另一处，提供所需要的流量和压力，为了实现这一目标，泵必须产生一定的功，包括抽水功和即送功。我们把泵的出口和抽水口处的压力差称为总的压力计水头，也就是泵的实际运行期间测得的压头（或者用扬程表示），它反映了泵实际做的功。

例如，入口压力为 1 bar，出口压力为 8 bar，流量为 5 000 kg/s，流体密度为 1 000 kg/m^3，泵的总效率为 85%，假设出入口高度相同，流速也相同，则此时泵的功率为

$$P=\frac{Q(P_2-P_1)\dfrac{1}{\rho}}{\eta}=\frac{500\times(8\times10^5-1\times10^5)\times\dfrac{1}{1\,000}}{0.85}=4.1(\text{MW})$$

泵的扬程和流量特性以及工作点如图 5-1 所示。根据该特性，我们可以

使用两种方法来调节泵的流量。第一种方法是通过改变管路的真实特性（如在泵的出口安装一个调节阀），第二种方法是通过改变泵的转速（如调速器）。其中第一种方法成本较低，但是当阀门开度变小时回路的压头损失增加，提供给泵的功率大于实际需要的功率；第二种方法成本较高，但是压头损失不变化，提供的功率接近实际需要的功率。这两种方法互相补充，核电厂的一些重要系统中都使用这两种方法，如蒸汽发生器的给水泵。

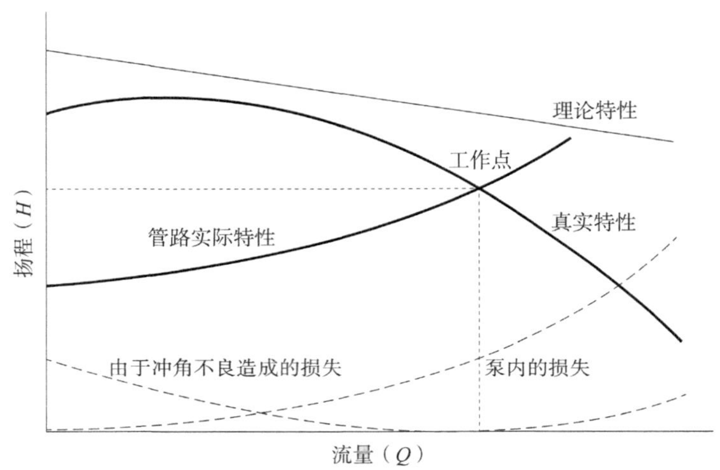

图 5-1　泵的扬程流量特性以及工作点

在事故过程中，一回路系统内的主循环泵，会处于多种多样的复杂工况，如正泵、负泵、正水轮机、负水轮机以及多种既消耗了轴功率又减少了流体能量的耗能状态。

泵的转速关系式为

$$I\frac{a\omega}{\mathrm{d}t}=-T_{\mathrm{hy}}-T_{\mathrm{fr}}+T_{\mathrm{m}} \tag{5-1}$$

式中，I为泵的转子的转动惯量；ω为转子的角速度；T_{ft}为摩擦力矩，与角速度有关，可表示为角速度的三次多项式；T_{m}为电动机的驱动力矩，也是角速度的函数，由电动机制造厂提供，核电厂的主泵采用感应电机，其特点是在额定转速附近驱动力矩有极大的梯度；T_{hy}为水力转矩，为流体对叶轮的反作用力矩。

水力转矩及泵的压头为泵的转速及体积流量的函数，由泵的制造厂通过试验给出，其形式如图 5-2 所示，称为泵的四象限全特性曲线。

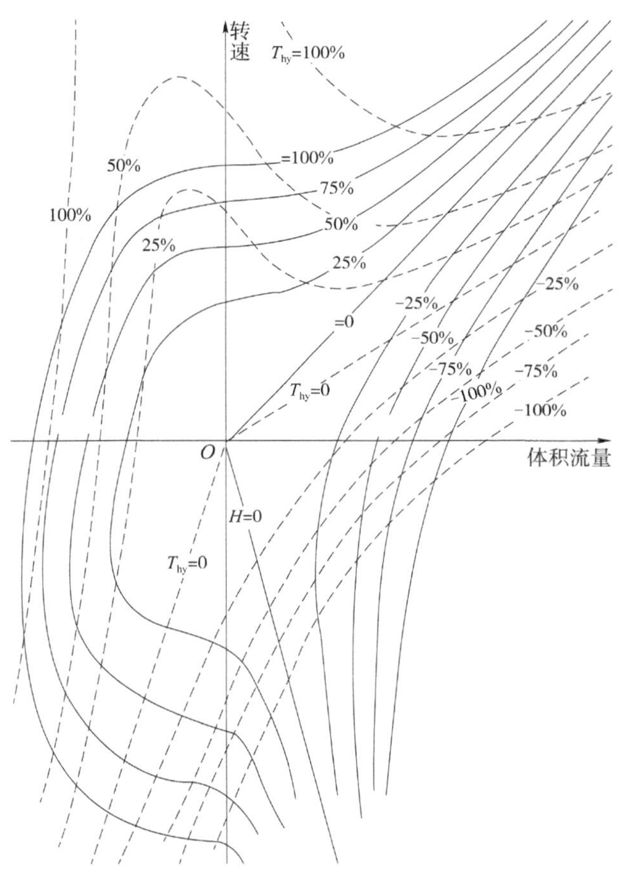

图 5-2　泵的四象限全特性曲线

通常采用相对量（无量纲量）来描述特性曲线，采用的相对量有

相对压头：

$$h = \frac{H}{H_R} \tag{5-2}$$

式中，下标 R 表示额定值。

相对水力转矩：

$$\beta = \frac{T_{hy}}{T_{hy,R}} \tag{5-3}$$

相对角速度，或相对转速：

$$\alpha = \frac{\omega}{\omega_R} \tag{5-4}$$

相对体积流量：

$$v = \frac{Q}{Q_R} \tag{5-5}$$

根据相似原理，如果两个泵相似，则有

$$\frac{H_1}{\omega_1^2 D_1^2} \quad \frac{H_2}{\omega_2^2 D_2^2} \quad \frac{T_{hy1}}{\omega_1^2 D_1^5} \quad \frac{T_{hy2}}{\omega_1^2 D_2^5} \quad \frac{Q_1}{\omega_1^3 D_1^3} \quad \frac{Q_2}{\omega_2^3 D_2^3} \tag{5-6}$$

式中，前两个为因变量准则，第三个为自变量准则。当两个泵的自变量准则相同时，因变量准则也必然相同。特殊情况下，对于同一个泵（当然是相似的），有 $D_1=D_2$，因此对于同一个泵的不同工况点，有

$$\frac{H_1}{\omega_1^2} - \frac{H_2}{\omega_2^2} \quad \frac{T_{hy1}}{\omega_1^2} - \frac{T_{hy2}}{\omega_2^2} \quad \frac{Q_1}{\omega_1} - \frac{Q_2}{\omega_2} \tag{5-7}$$

对应的无量纲量为 h/a^2，β/a^2 和 v/a。下面我们用无量纲量来描述泵的四象限全特性曲线。

首先，用无量纲量把四象限全特性曲线转化为四象限无量纲曲线。通过原点画一条与横坐标轴成角度 A 的射性，则此射线上的 v/a 就是 ctan$A$，而同时在此射线上可以找到一连串的（h，a）数据对（图 5-3），根据泵的相似原理，这些数据对所对应的 h/a^2 也必然相等（如略有不等，可取平均值）。如此即得到一个（h/a^2，v/a）点，换一个角度 A，又可以得到另一个点，当 A 在 45°～90° 范围内连续变化时，就得到一段曲线，称为压头类比曲线 1。如果 A＜45°，则 $v/a>1$，本来也无不可，但习惯上为了使自变量在 0～1 的范围内，对 h/a^2 、v/a 都乘以 a^2/v^2，这样代表压头的变量为 h/v^2，自变量为 a/v。

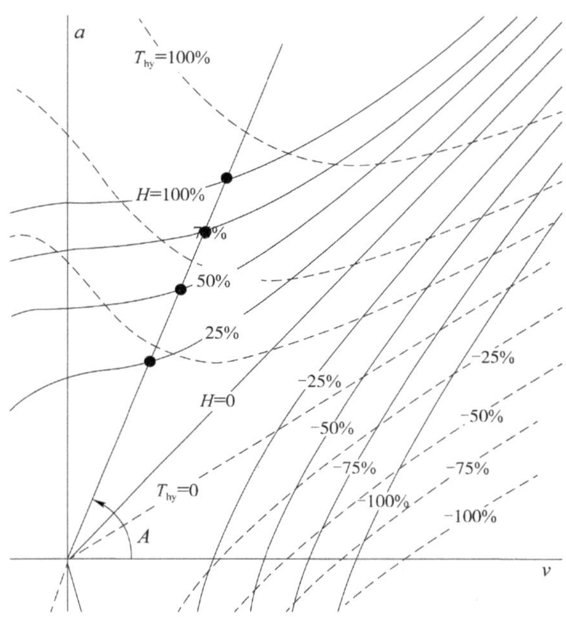

图 5-3　特性曲线转换示意图

我们把 0°～45°范围得到的曲线称为压头类比曲线 1，45°～90°范围得到的曲线称为压头类比曲线 2，90°～135°范围得到的曲线称为压头类比曲线 3，135°～180°范围得到的曲线称为压头类比曲线 4，180°～225°范围得到的曲线称为压头类比曲线 5，225°～270°范围得到的曲线称为压头类比曲线 6，270°～315°范围得到的曲线称为压头类比曲线 7，315°～360°范围得到的曲线称为压头类比曲线 8。这样得到的 8 段曲线如图 5-4 所示。同样，可得由 8 段曲线组成的泵的水力转矩类比曲线，如图 5-5 所示。

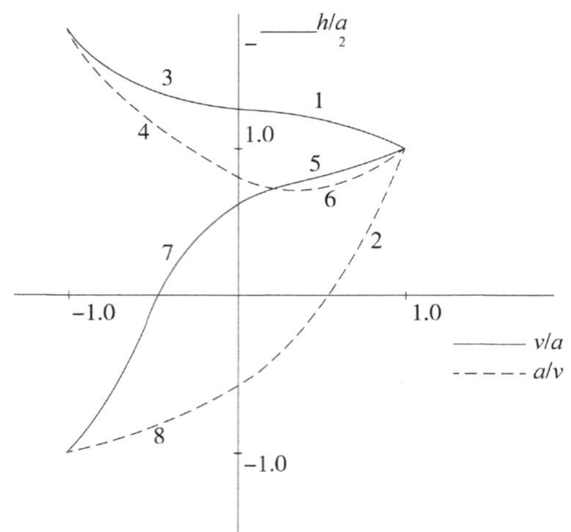

图 5-4　压头类比曲线

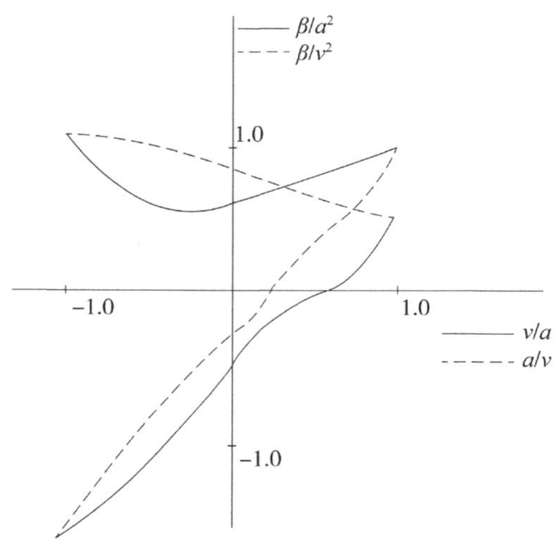

图 5-5　水力转矩类比曲线

对于汽水两相流的情况，对于单相（水或汽）压头为 $H_{1\phi}(a, v)$，对于两相混合物压头为空泡份额 a 的函数 $H(a)$，定义“两相差值”为 $H_{1\phi}-H_{2\phi}$，两相差值也是（a，v）的函数，用处理单相压头的方法，又可得“两相压头差类比曲线”（由 8 段曲线组成），再通过实验又可得两相乘子函数 M_h（a）。利用这些，各种空泡份额下的两相混合物的压头可表示为

$$H = H_{1\phi} - M_{h}(a)\left(H_{1\phi} - H_{2\phi}\right) \tag{5-8}$$

同样，对于两相水力转矩，有

$$T = T_{1\phi} - M_{1}(a)\left(T_{1\phi} - T_{2\phi}\right) \tag{5-9}$$

这样，在 RETRAN 程序的泵输入数据中，应包括单相压头、单相水力转矩、两相压头差、两相水力转矩差类比曲线各 8 条，两相压头乘子，两相水力转矩乘子曲线各 1 条，另有与角速度有关的摩擦力矩及电动机驱动力矩曲线各 1 条，共计 36 条曲线。

做 DNB 分析，各项假设如下：

（1）初始堆功率取 102%额定功率；

（2）初始冷却剂温度取+2.2℃不确定性；

（3）初始一回路压力取−2.1 bar 不确定性；

（4）初始时主给水向蒸汽发生器供水，直至触发停堆信号，由停堆信号给出汽轮机停车信号，主给水停止，蒸汽流量停止，没有旁路主冷凝器的蒸汽流量，60 s 后辅助给水投入；

（5）慢化剂温度系数取最小的绝对值，即取 BOL 数值，考虑 10%不确定性，一般可保守地取为 0，以减小负反应性反馈对减小堆功率的影响；

（6）燃料多普勒系数，也取 BOL 值，但保守的处理需分两段考虑 15%的不确定性，当燃料平均温度高于初始值时取小的负反应性反馈以减弱抑制堆功率的作用，当燃料平均温度低于初始值时（此时控制棒引入的负反应性已起作用），取大的正反应性反馈，以阻缓堆功率的降低；

（7）最大价值的控制棒组卡在全抽出的位置；

（8）取保守的控制棒反应性引入曲线：取考虑了地震发生的保守的落棒速度，在落棒行程末端才显著起作用；

（9）取趋顶型轴向功率分布。

5.1.5 秦山核电厂失流事故分析

在进行事故分析之前，首先需要确定事故开始时核电厂的稳态，即调稳态。秦山核电厂失流事故分析调稳态时主要采用的保守值参数如表 5-1 所示。

表 5-1 秦山核电厂失流事故分析的主要参数

参数	名义值	保守值	单位
初始百分比堆功率	100	103	%
反应堆核功率	1 035	1 066	MW
冷却剂入口温度	289.2	290.2	℃
冷却剂平均温度	302.0	304.2（+2.2℃）	℃
稳压器压力	15.30	15.09（−2.1 bar）	MPa
单台泵冷却剂流量	3 490	3 333（95.5%）	kg/s
蒸汽发生器压力	5.737	6.185	MPa
单台 SG 给水流量	282.1	289.07	kg/s

两环路核电厂 1 个主泵失电的事故序列如表 5-2 所示。

表 5-2 两环路核电厂 1 个主泵失电的事故序列

事件	时间/s
1 个主泵断电	0.0
低流量停堆信号	2.3
控制棒开始下落	3.4

图 5-6 是部分失流事故下，停电环路、不停电环路和堆芯总流量随时间变化的曲线。可以看到，由于泵采用了储能飞轮的设计，具有较大的惰转惯量，因此停电环路的流量下降并没有像卡轴或者断轴事故那样剧烈，而是较

为缓慢地下降。堆芯总流量的下降也较为缓慢。不停电环路的流量反而有所上升，可以根据泵的特性和回路的阻力特性的改变得到定性的解释。

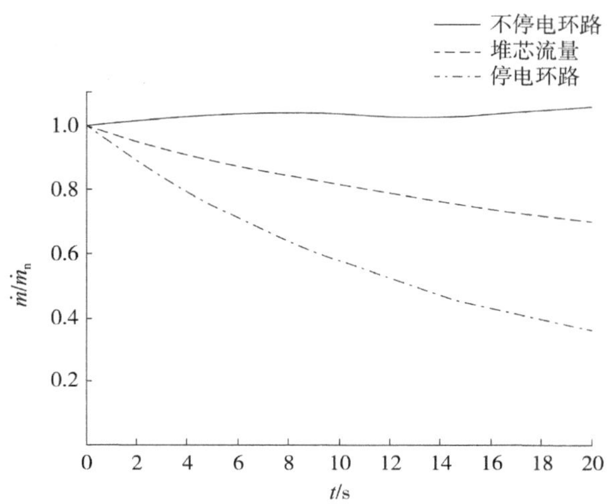

图 5-6 环路相对流量和堆芯相对流量

图 5-7 是部分失流事故下，堆芯相对功率和燃料元件表面的平均相对热流密度随时间变化的曲线。停堆后相对热流密度的下降相比相对功率的下降有一定的滞后，这主要是燃料元件内的储热释放引起的。

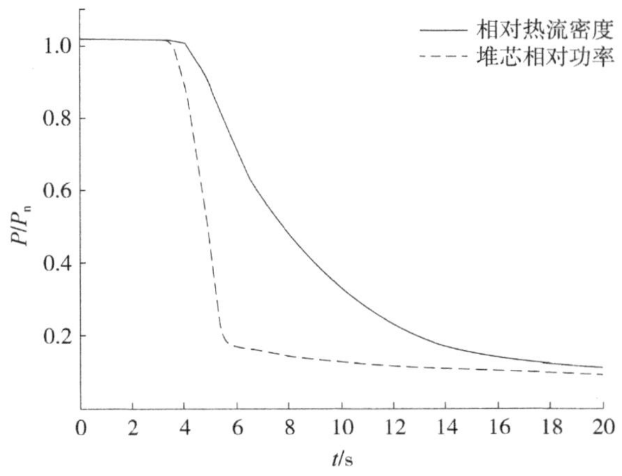

图 5-7 堆芯相对功率及元件表面相对热流密度

图 5-8 是部分失流事故下，稳压器内的压力随时间的变化曲线。压力在开始阶段是上升的，这主要是一回路冷却剂平均温度升高引起的，直到触发停堆后过一段时间才开始回落，其间会形成一个压力峰值。

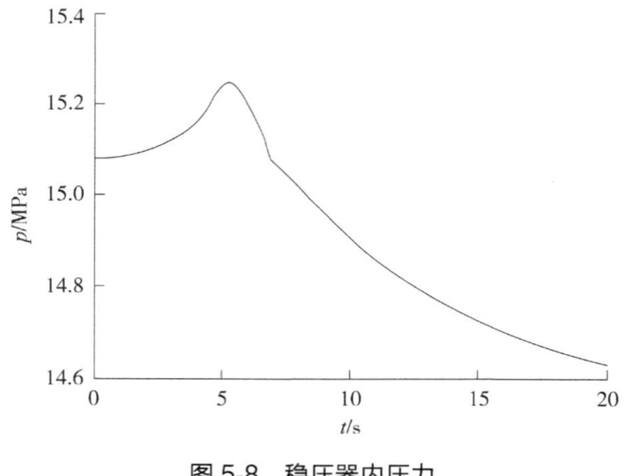

图 5-8　稳压器内压力

图 5-9 是部分失流事故下，堆芯内的最小 DNBR（空间意义上的最小值）随时间的变化曲线。在触发停堆之前，DNBR 是下降的，随后开始上升，其间会形成一个最小的 DNBR 值（时间意义上的最小值）。

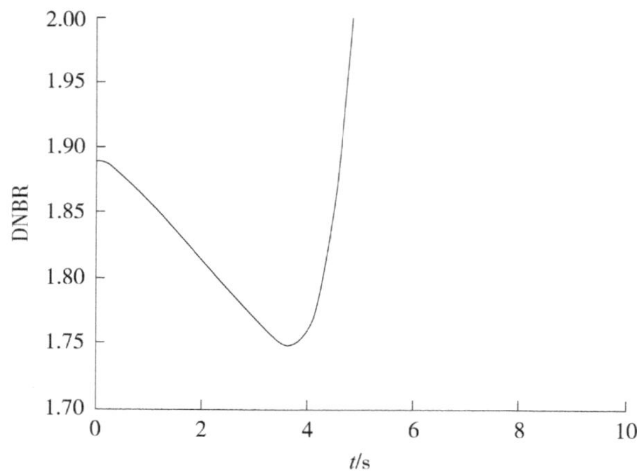

图 5-9　最小 DNBR（最小值为 1.748）

对于两环路核电厂 2 个主泵失电的情况分析结果如图 5-10～图 5-13 所示。

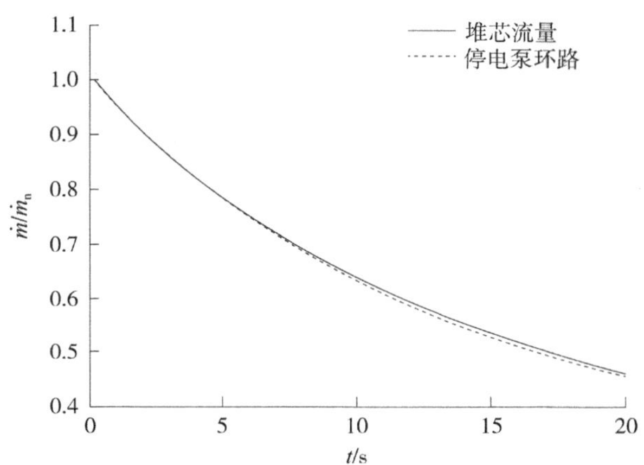

图 5-10　环路相对流量和堆芯相对流量

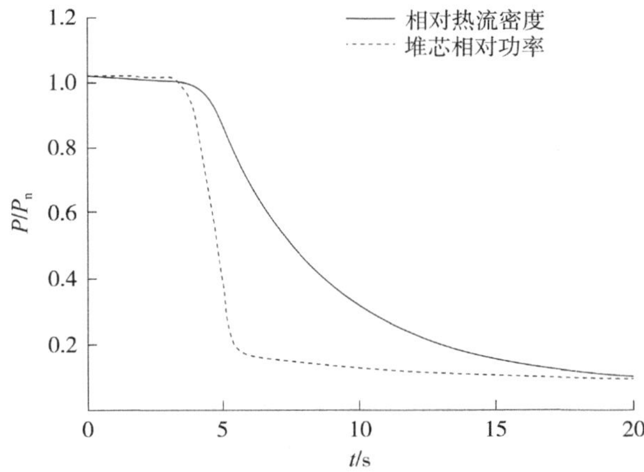

图 5-11　堆芯相对功率及元件表面相对热流密度

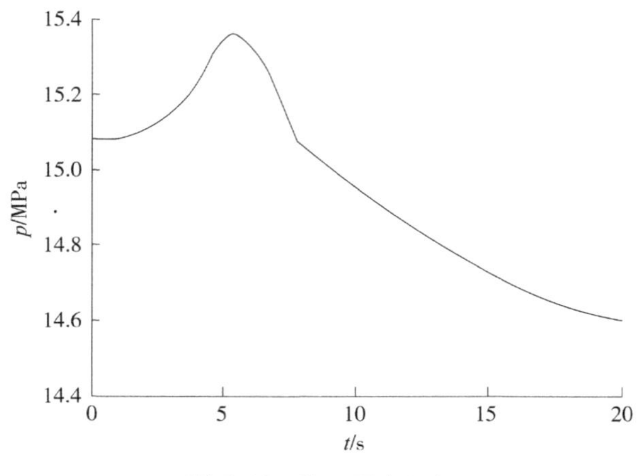

图 5-12 稳压器内压力

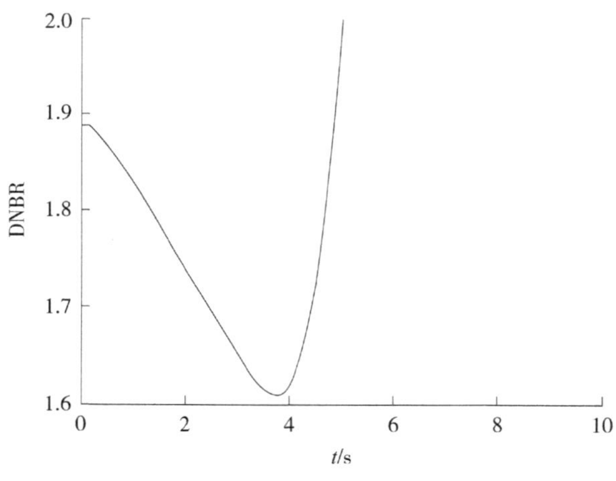

图 5-13 最小 DNBR（最小值为 1.609）

对于两环路核电厂 1 个主泵卡轴的情况分析结果如图 5-14～图 5-17 所示。

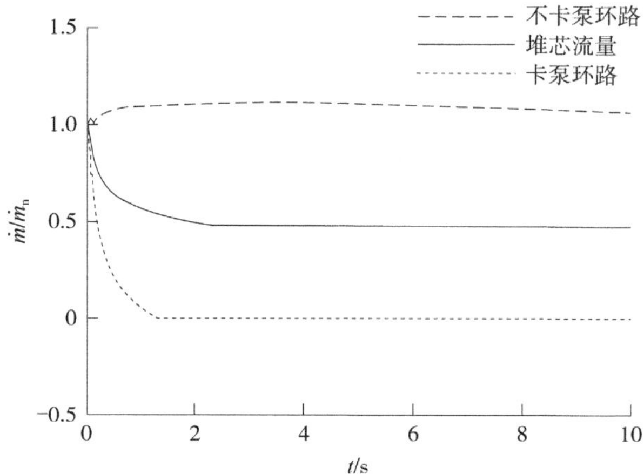

图 5-14　环路相对流量和堆芯相对流量

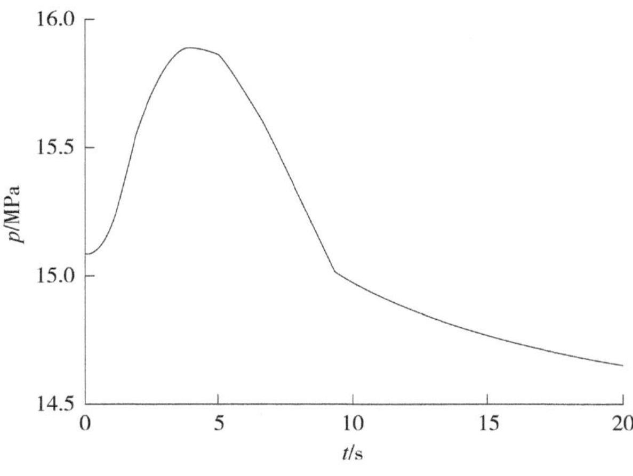

图 5-15　稳压器内压力

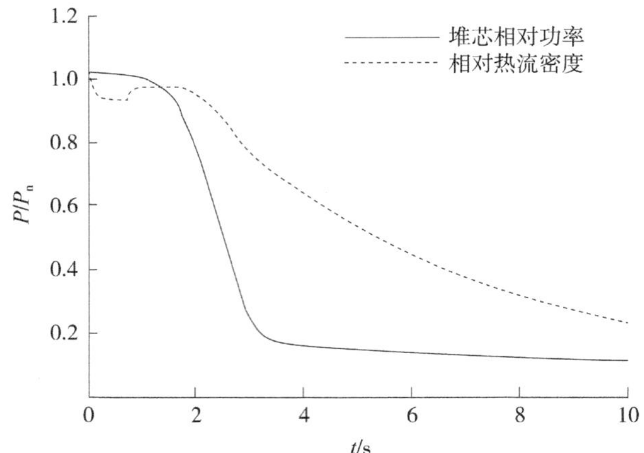

图 5-16　堆芯相对功率及元件表面相对热流密度

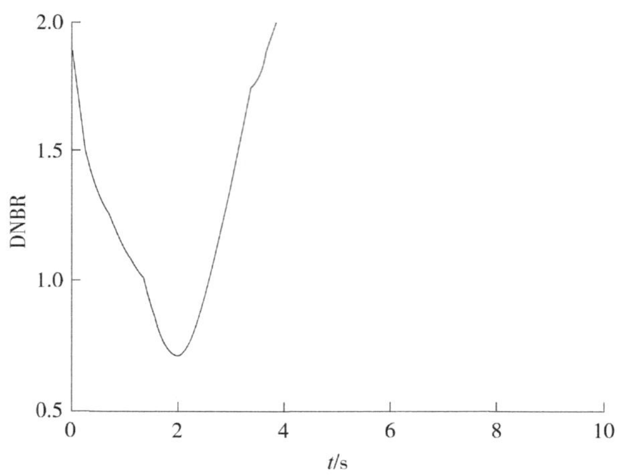

图 5-17　最小 DNBR（最小值为 0.707）

在失流事故分析中，如果一回路压力较高，应考虑稳压器喷淋以及稳压器释放阀的减压作用，此时计及一回路压力控制会形成更严重的 DNB 条件。

在主泵卡轴事故中，冷却剂管道内形成很大的流动阻力，流量下降迅速，在主泵断轴事故发生几秒以后，受损环路内形成反向流量，从而减小堆芯流量。一般来说，这两种事故相比较，卡轴事故较为严重；但在停堆较晚的情况下，断轴事故也有可能会变得更严重。近些年来，各国在考虑控制棒下落时间上，加上了地震造成的影响，落棒速度较为缓慢。这就是两种事故的后果较为接近时，需要通过定量分析才能确定哪一个事故更为严重的原因。

在主泵卡轴及主泵断轴这样的一些非对称性的事故的抗御能力上，二环路的核电厂比多环路的核电厂薄弱得多。我国的秦山核电厂，对于全部失流事故，有很大的 DNB 裕量，但对于主泵卡轴及主泵断轴事故，发生 DNB 的元件就比较多，这一点在核电厂设计中必须予以注意。

5.2 失水事故

反应堆冷却剂丧失事故，简称失水事故或 LOCA，是指一回路压力边界产生破口或破裂，或是发生阀门误开启，造成一回路冷却剂装量减少的事故。

在设计基准事故中，失水事故可分为大破口失水事故（LBLOCA）、小破口失水事故（SBLOCA）、蒸汽发生器传热管破裂（SGTR）及汽腔小破口（VSB）。

失水事故会造成多种危害：

（1）事故开始时，在破口处的冷却剂突然失压，会在一回路系统内形成一个很强的冲击波，这种冲击波以声速在系统内传播，可能会使堆芯结构遭到破坏。此外，冷却剂的猛烈喷放，其反作用会造成管道甩动，破坏安全壳内设施。

（2）堆芯冷却能力大为下降，燃料元件受到损坏。

（3）高温高压的冷却剂喷入安全壳，会使安全壳内气体的压力、温度升高，危及安全壳的完整性。

（4）燃料元件的锆包壳在高温时会与水蒸气发生剧烈的化学反应。所产生的氢积存在安全壳内，在一定条件下，有可能爆炸。

（5）反应堆冷却剂中的放射性物质进入安全壳后，通过安全壳泄漏，会污染环境。

为了全面评价失水事故的危害，应从多方面作出分析。而在本章中仅讨论堆芯的热工水力性状。

5.2.1 LOCA 的验收准则

LOCA 的验收准则也就是 ECCS 验收准则，这是因为 ECCS 设计的性能是用核电厂发生假想的 LOCA 后能否达到安全来评价的。这些准则选自美国的联邦法规 10 CFR 50.46，它被许多国家采用。

（1）燃料元件包壳的温度不得超过 1 204℃（2 200°F）；

（2）包壳与水蒸气作用所氧化的包壳壁厚不得超过原壁厚的 17%；

（3）同水或水蒸气发生反应的燃料元件包壳重量不超过堆内包壳材料总重量的 1%；

（4）堆芯几何形状的变化应该限制在堆芯的可冷却限度之内；

（5）能对堆芯进行长时间的冷却，以去除衰变热。

在上述 5 条验收准则中，以第 1 条为主要指标，该指标可限制堆芯受破坏的程度。大量实验表明，当温度超过 1 204℃之后，锆合金包壳的性能会急剧恶化，从而引起包壳的脆化和大块破损。另外几条准则与第 1 条也有联系，如果包壳温度不高，锆水反应也不会太剧烈，也就不会产生大量氢气。

保守分析中定义的 LBLOCA 为冷管段双端断裂并完全错开，失去场外电源工况。其基本假设为：

（1）102%额定功率；

（2）取最大的功率不均匀因子（F_{Q}）；

（3）轴向功率取截断余弦分布；

（4）燃耗取最大气隙，最大能量储存；

（5）由温度及空泡负反应性停堆；

（6）衰变热取 1971 ANS 标准的 1.2 倍；

（7）锆水反应取 Baker-Just 关系式；

（8）考虑金属构件的能量储存；

（9）取 Moody 喷放关系式，喷放系数取 0.6～1.0；

（10）对冷管段破口，全部 ECCS 在喷放阶段流出破口，破损环路全过程流出；

（11）在 CHF 之后，在整个 Blowdown 阶段不再认为是泡核沸腾；

（12）极限单一故障的选择，必须加以论证；

（13）安全壳压力取保守的低值，以加强喷放；

（14）在再淹没阶段，做主泵卡轴假设；

（15）上封头温度假设；

（16）需考虑燃料鼓胀造成的流道阻塞效应（按 NUREG-0630）。

5.2.2　典型的大破口失水事故过程

（1）事件序列

大破口失水事故的极限工况为喷放系数 0.6，最大安注流量的情况，典型的事故序列如表 5-3 所示。

表 5-3　大破口失水事故典型序列

事件	时间/s
破口开始，失场外电	0.0
反应堆停堆	0.5
安注信号	3.0
安注箱开始注水	15.1
安注泵开始注水	28.0
喷放结束	31.5
再灌水结束	44.8
安注箱排空	58.2
堆芯顶部淹没	～500

（2）过程描述

典型的 LBLOCA 分为喷放、再灌水、再淹没及长期冷却 4 个阶段。

1）堆功率变化

由于大破口失水事故系统压力降低极快，大约在 0.1 s 内，即可降至冷却剂的饱和压力，从而生成大量蒸汽，空泡效应引入的负反应性，使反应堆自行停闭，停堆后剩余中子功率迅速减小，此后主要释放衰变热，衰变热功率不大，但持续时间极长（图 5-18）。

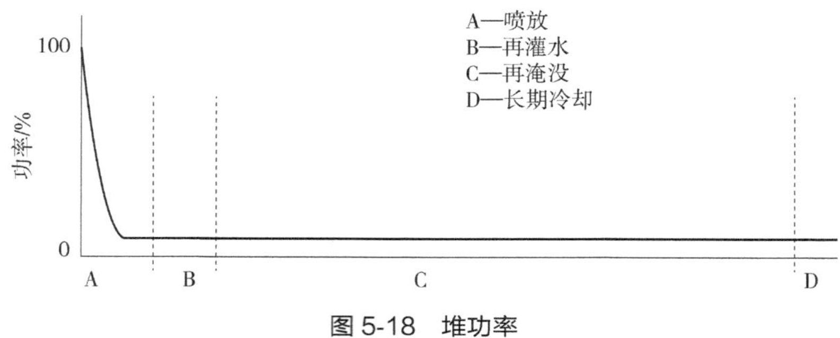

图 5-18　堆功率

2）压力变化

在最初极短的一段时间内为欠热喷放，压力迅速下降，进入饱和喷放阶段后，压力下降稍见缓慢。在再灌水、再淹没阶段，注入的低温安注水使堆芯的水蒸气凝结，此后虽水位在上升，但系统压力仍缓慢下降（图 5-19）。

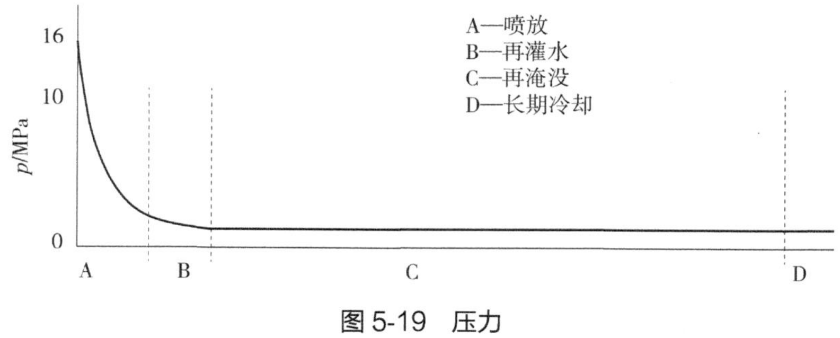

图 5-19　压力

3）热点包壳温度

停堆时，燃料元件棒内贮存了大量热量，在堆芯流量由正常运行工况下的正向，流动变为喷放反向流动过程中，堆芯出现流动滞止现象，传热恶化，包壳表面形成膜态沸腾，使包壳温度迅速上升，这被称为贮能再分配现象（图 5-20）。

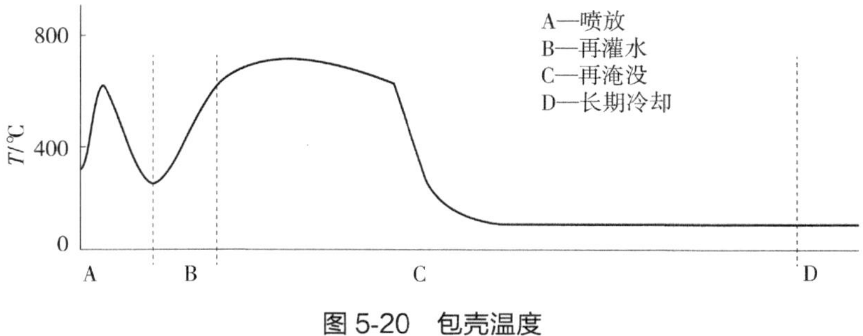

图 5-20　包壳温度

当堆芯形成反向流动，又建立起一定的传热能力，包壳温度下降，形成喷放阶段的包壳温度峰值。

在再灌水阶段，堆芯内既无液体冷却剂，又无蒸汽流动，元件棒处在裸露状态，是主要的升温阶段。

再淹没开始，堆芯内蒸汽流动增加，且蒸汽内夹带有小液滴，使燃料元件的冷却好转。一旦进入再淹没阶段，热点包壳温度变化的梯度就发生改变，随着蒸汽产生量的增加，包壳升温越来越缓慢，继而开始下降。在 LBLOCA 过程中，包壳温度达到最高点并开始下降，且在骤冷前沿到达之前，都是由蒸汽流动冷却而形成的。

在骤冷前沿达到之处，包壳温度迅速下降，此后元件处于自然对流冷却环境中，维持一个不太高的温度。

由于衰变热维持的时间很长，长期冷却阶段将需维持很长一段时间，ECCS 要一直保持工作，在换料水箱的水用尽后，改用再循环方式冷却。

4）堆芯水位

在整个喷放阶段，堆芯水位持续、迅速下降。当上升蒸汽流量近于 0 时，可认为结束喷放阶段，安注箱水及低压安注泵注入水流至下腔室，需要提及的是堆芯水位在喷放阶段结束时，未扣除在喷放阶段中进入系统的安注水量，按保守的 LBLOCA 分析是需要扣除的，应见到水位的突然下降。

在水位上升至堆芯底部，开始再淹没阶段，堆芯全部淹没后进入长期冷却阶段（图 5-21）。

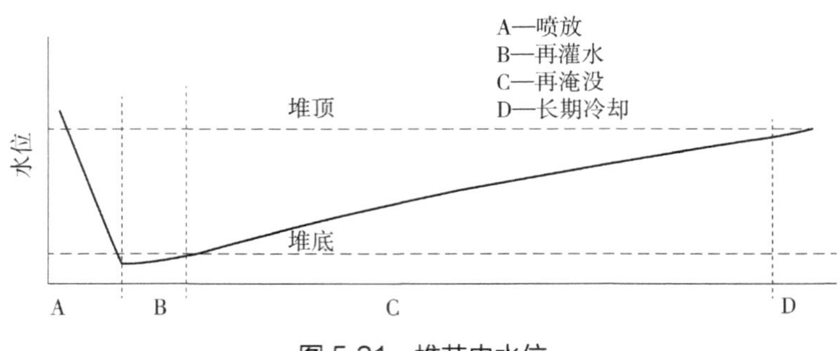

图 5-21 堆芯内水位

5.2.3 AP1000 大破口失水事故分析

失水事故是由反应堆冷却剂系统压力边界管道破裂所引起的。这里主要分析一回路主管道破裂（大破口）事故，破口横截总面积大于或等于 1 平方英尺。一方面，在核电厂运营期间并不希望发生此事件；另一方面，把它作为设计基准事故来考虑，故此事件被定义为第Ⅳ类工况，即极限事故。

10 CFR 50.46 文件规定的失水事故验收准则如下：

（1）燃料原件包壳温度计算值不能超过 1 204℃（2 200°F）；

（2）在整个包壳层开始氧化之前局部包壳氧化不能超过 17%；

（3）燃料元件包壳与水或水蒸气产生的氢气总量不能超过所有金属包壳材料发生化学反应产生氢气的 1%；

（4）对于任何可能的损坏堆芯事件，堆芯要始终保持可冷却状态；

（5）堆芯温度必须维持在一个低值，且由长半衰期放射性元素释放的余热须在后续时间导出。

上述准则保证了在失水事故期间应急堆芯响应系统有足够的余量进行控制。一旦发生破口事故，反应堆一回路冷却剂系统压力下降，会导致稳压器压力降低。当稳压器压力降低到低压停堆设定值时，随后将触发紧急停堆信号。当达到设定值时一个安全级停堆执行信号（“S”）也将启动。这几项措施从以下两个方面来减缓事故后果：

（1）紧急停堆和注入含硼水以及大量空泡的形成，导致堆芯功率急剧下降到裂变产物的衰变功率水平。对于大破口失水事故不需要插入控制棒来停堆。

（2）含硼水的注入一方面使得堆芯冷却，另一方面阻止了过高的包壳温度。

在失水事故发生之前，反应堆处在正常运行工况，即堆芯产生的热量由二回路导出。在喷放阶段，裂变产物衰变热储存在燃料元件、内部构件和管道中的热量被传递给反应堆冷却剂。在喷放初始阶段，整个反应堆冷却剂系统包含有欠热流体，后者通过强迫对流把堆芯中的余热导出，其间局部有泡核沸腾现象产生。破口事故后期，堆芯传热方式将由局部流体工况决定。过度沸腾和弥散的膜态沸腾是这期间主要的传热机制。

反应堆冷却剂系统和二回路系统之间的传热方向是不确定的，这取决于两者相对温度的大小。如果二回路系统被持续加热，二回路压力将会上升，主蒸汽安全阀可能到达压力上限值。安注信号将产生一个给水中断信号，后者将关闭主给水阀门以中止正常给水。

反应堆冷却剂泵在安全级停堆信号（“S”）发出之后将自动停止运行。喷放阶段考虑泵的惰转效应。瞬态喷放阶段结束于反应堆冷却剂系统压力（初始值假定为 15.51 MPa）降低到接近于安全壳内的大气压值。

当“S”信号产生之后，冷管段压力平衡管道的堆芯安注水箱阀门打开。安注水箱通过直接的注射管路开始向反应堆一回路注入欠热的含硼水。

虽然在失水事故堆芯响应分析中我们得知堆芯完整性并未被破坏，但是在事故可能带来的放射性后果分析中我们假定堆芯出现解体和熔融现象。

剂量计算时考虑了事故初期在安全壳过滤系统被隔离之前所释放的放射性活度，以及考虑安全壳的泄漏。不考虑安全壳过滤系统对氢气的控制作用，所以在剂量计算中未予以考虑。正常的余热导出系统虽能够保证在失水事故后期堆芯冷却，但由于它并不是安全级的系统，在事故发生时认为不可用。如果它处在可操作状态，当且仅当源项和正常停堆主冷却剂源项接近时才会用到。假定堆芯冷却完全由堆芯冷却系统完成，并没有冷却剂流至压力容器外，那么就不用考虑再循环泄漏释放通道模型。

（1）源项

释放到压力容器的放射性由两部分组成。最初释放的是反应堆冷却剂系统所包含的放射性。接着是堆芯放射性的释放。

（2）主冷却剂释放

反应堆冷却剂在运行期间保持着相对一致的放射性水平，技术规格书上给出的限值相当于 Xe-133 剂量当量为 280 μCi/g，对于 ^{131}I 剂量当量为 1.0 μCi/g。

根据 NUREG-1465 文件对于采用 leak-before-break 技术的核电厂，冷却剂释放到安全壳可假设为 10 min。AP1000 就是采用 leak-before- reak 技术的核电厂，分析中假定了反应堆冷却剂喷放到安全壳内的持续时间为 10 min 并假定在这 10 min 期间流量保持不变。随着冷却剂进入安全壳，我们认为稀有气体和半数的碘引起的放射性也被释放到安全壳内部空气环境中。

（3）堆芯释放

燃料释放的放射性分为两个阶段。第一阶段是气隙释放：开始于主冷却剂释放结束阶段（也就是事故开始 10 min 之后），持续时间超过半小时。第二阶段是管道内堆芯熔化，大量放射线伴随事故发生而释放出来。此源项模型基于 NUREG-1465 和 Regulatory Guide 1.183 文件建立。

事故期间堆芯裂变产物储存量由一个燃料循环周期末期的 102%堆功率运行工况决定。与 NUREG-1465 文件的描述一致，气隙放射性释放中考虑 3 组核素：稀有气体、碘和碱金属（铯和铷）。堆芯熔化阶段，将增加额外 5 组核素，总共达到 8 组。这额外增加的 5 组核素为碲类元素、重金属、铈类元素、镧系元素和钡、锶。

（4）气隙释放

根据 NUREG-1465 文件针对于采用 leak-before-break 技术给出的指导说明，气隙释放开始于主冷却剂喷放结束，即大约 10 min 的时候，且持续时间约为半小时。

（5）压力容器内堆芯释放

气隙释放结束之时，压力容器内堆芯释放持续约 1.3 h。堆芯熔化导致放射性释放至安全壳内部。堆芯放射性释放到安全壳内部的分额由 NUREG-1465 文件给出：稀有气体 95%，碘 35%，碱金属 25%，碲类元素 5%，重金属 0.25%，钡、锶 2%，铈类元素 0.05%，镧系元素 0.02%。

根据 NUREG-1465 文件的描述，整个 1.3 h 压力容器内堆芯释放阶段释放率保持不变。

（6）碘形态

碘的存在形态与 NUREG-1465 模型描述一致。该模型指出碘的主要存在形式是以非挥发的碘化铯，极小部分是以元素碘的形式存在。此外，该模型假定部分元素碘与有机材料发生化学反应转变成有机碘化合物形式。最终碘形态存在份额为：微粒状 95%，元素单质 0.48%，有机形式 0.15%。

如果事故后期采用的冷却系统 pH 低于 6.0，那么部分碘化铯会转变成元素碘的存在形式。所以应急堆芯冷却系统在事故后期提供足够的磷酸三钠保证失水事故期间系统 pH 大于等于 7.0。

（7）安全壳内放射性去除过程

AP1000 并没有配置针对于安全壳内部的放射性去除系统。安全壳内部依靠自然过程来清除元素碘和微粒状的碘。

元素碘在安全壳表面沉积而被除去。微粒状的碘的移除方式是沉积、扩散电泳（蒸汽凝结导致的沉积）和热迁移（传热导致的沉积）。有机态的碘去除方式未涉及。

（8）释放通道

放射性释放通道是安全壳通风管道和容器泄漏。放射性释放采用地面释放模型。

事故初期，在安全壳被隔离之前，安全壳通风管道处在运行当中，放射性通过此通道释放直至阀门关闭。安全壳通风管道中的过滤器的去除作用未被考虑在内。

失水事故期间主要释放量是由安全壳泄漏引起的。在最初的 24 h 安全壳泄漏保持在设计泄漏率水平，在剩余阶段泄漏率降为一半。

（9）场外剂量计算模型

场外剂量计算模型采用当时剂量和待积有效当量剂量得到总有效等效剂量（TEDE）。

禁区边界剂量值由位于禁区边界的个体，采用最高剂量率的值累计 2 h 计算得到。由于事故期间堆芯损坏时间较晚，因此事故最初的 2 h 并不是累计计算剂量最大的 2 h 间隔时间。

低人口密度区域边界剂量计算由事故持续 30 天为基准考虑得到。

无论是禁区边界还是低人口密度地区剂量测定，计算值都需要与 10 CFR Part 50.34 给出的 250mSv 的总有效当量剂量对比。

（10）主控室剂量模型有两种模型可以用来估算进入主控制室的放射性。在有电源的情况下，正常加热系统、通风装置以及空调（HVAC）系统将会转换至增强过滤模式。正常工作状态下的 HVAC 系统不是安全级别系统，但是它提供了纵深防御措施。

在另一种情况下，HVAC 系统不可用，或者即使可用，也由于空气中过高的碘含量导致过滤装置不能正常工作。当过高的碘放射性被探测到时，应急居住系统将会被触发。应急居住系统通过罐装空气补给系统使得主控室压力增大，以抑制受污染空气泄漏进入主控室。应急居住系统可提供 72 h 空气补给。这之后主控室处于打开状态，未过滤的空气将通过辅助通风装置进入主控室。7 天之后，场外电源的恢复使得主控室的应急居住系统再次装满压缩空气重新投入运行。作为纵深防御措施之一，非安全相关的正常控制室 HVAC 将在电源可用条件下重新投入运行。

主控室可从前厅入口进入，这限制了从进出口进入主控室的受污染空气容量。从出入口进入的未过滤空气等值流量设定值为每分钟 5.0 立方英尺。

进入主控室的放射性假定为均一分布。虽然元素碘和微粒碘会通过沉积和沉淀的形式去除，但是在主控室的空气放射性去除中未予以考虑。

针对 AP1000 大破口失水事故分析，用于分析 AP600 的已经得到 NRC 批准的最佳失水事故分析方法论，且按照如下方式运用：用 WCOBRA/TRAC 分析的核电厂边界条件，包括初始运行条件和堆功率分布，都被限定在一个保守值，该保守值基于 AP600 分析得到的可能取值范围的敏感性分析得到。

所有分析中，热管采用 F_q（2.60）和 $F_{\Delta H}$（1.65）的堆芯设计值，假设堆功率为 102%设计值（图 5-22～图 5-27）。

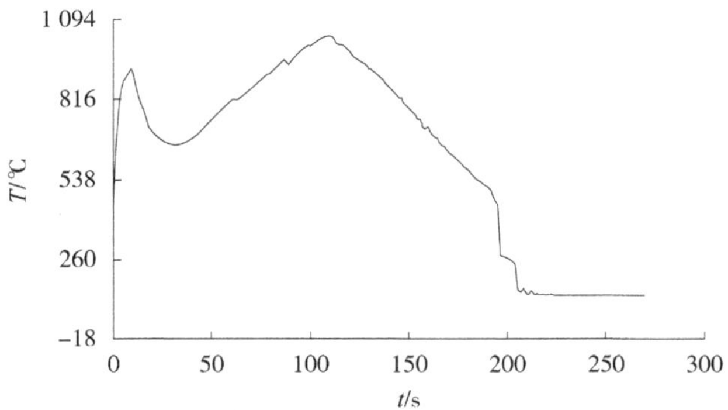

图 5-22　热棒表面温度随时间的变化

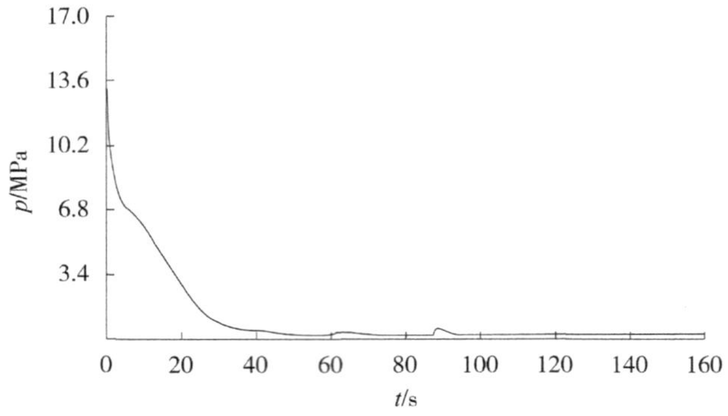

图 5-23　堆芯压力随时间的变化

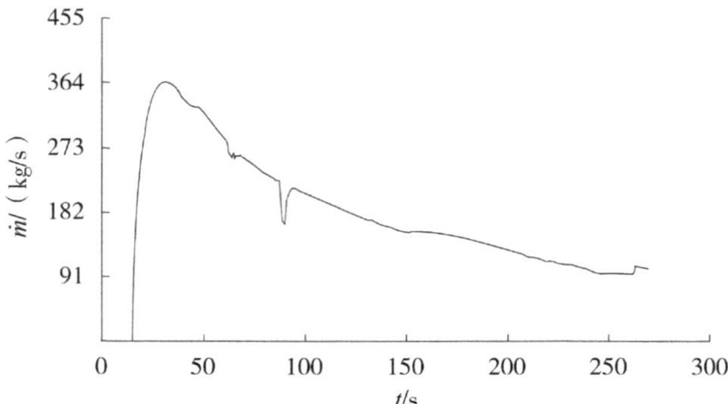

图 5-24　安注箱流量随时间的变化

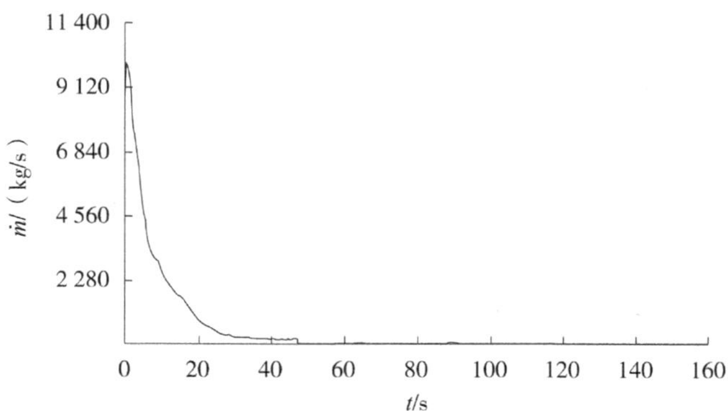

图 5-25　蒸汽发生器侧破口流量随时间的变化

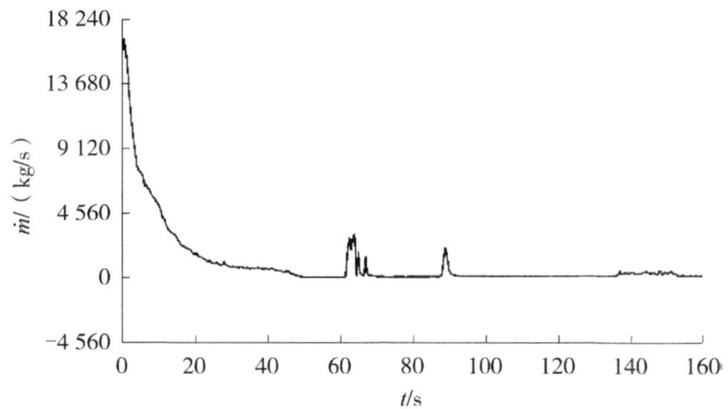

图 5-26　压力容器侧破口流量随时间的变化

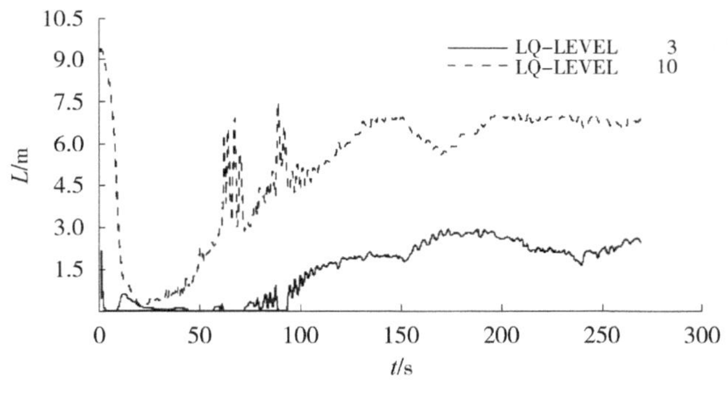

图 5-27　堆芯水位随时间的变化

依照 10 CFR 50.46 文件，大破口失水事故最佳估算分析方法得到的结论在很大程度上符合以下准则。

（1）燃料元件包壳温度最大计算值（也就是包壳峰值温度 PCT）不会超过 1 204℃（2 200°F）。

（2）包壳总氧化份额（也就是最大包壳氧化份额）不会超过总的包壳层开始氧化前的 0.17 倍。

（3）规定包壳与水或水蒸气产生的氢气总量（最大氢气产生量）不超过所有包裹燃料的柱形金属包壳层，包括包裹中空管道的包壳层都发生化学反应的 1%。

（4）在堆芯发生一系列改变时仍保持可冷却性。

（5）随着应急堆芯冷却系统的成功触发运行，堆芯温度将保持在一个可以接受的低水平值。堆芯长半衰期放射性物质释放的余热也将在很长一段剩余时间内被导出。

需要注意的是，历史上准则（4）在准则（1）和准则（2）达到要求时自然也就达到要求，确保分析由失水事故和地震负荷联合影响导致的燃料变形保证准则（4）也达到要求。准则（1）和准则（2）在大破口失水事故最佳估算应用中得到保证。批准应用的方法论特别指出一般情况下不考虑失水事故和地震负荷对堆芯几何架构的影响。

如果堆芯在失水事故期间保持可冷却几何特性并且不断冷却，那么准则（5）能得到保证。即使是在堆芯安注水箱输水管道隔离阀发生单一故障的极限事故下，AP1000 大破口失水事故期间堆芯冷却系统也能够保证有效的堆芯冷却。大破口失水事故瞬态在燃料元件峰值温度得到抑制的 1 800 s 之后持续进行，此时 CMT 水位到达 low-2 触发点使得第四级 ADS 阀门和 IRWST 注入开始投入运行。IRWST 启动之后安注流量将有显著提高。分析表明，在燃料棒峰值温度得到抑制到 IRWST 注入这段时间，CMT 注入能够有效地维持堆芯和下降段的水量。AP1000 堆芯冷却系统也能有效保证失水事故后期的长期堆芯冷却。

基于以上分析，西屋公司的大破口失水事故最佳估算方法论表明 AP1000 能够达到 10 CFR 50.46 的验收准则。

5.2.4 小破口失水事故

保守分析的 SBLOCA，其主要假设条件为破口发生在冷管段，主泵不运行，单一故障考虑一路安注失效，蒸汽发生器仅利用安全阀排出热量（不考虑释放阀及旁路排放）。

对比大破口失水事故，小破口失水事故有两个特点：

（1）系统冷却剂丧失速率较小，卸压速度较慢，使得系统内汽相与液相分离，使得水力学与传热学上具有相分离的特性；

（2）卸压过程在很大程度上受到蒸汽发生器导热效果的影响。

小破口失水事故的验收准则与大破口失水事故相同，且仍以峰值包壳温度 PCT 作为衡量事故严重性的重要指标。

在事故的缓解设施上，小破口失水事故的缓解借助由稳压器低压信号触发停堆，并由 ECCS（其中最重要的是高压安注）补充冷却剂，由 AFW 及 SG 安全阀提供热阱。

为理解 SBLOCA 过程中 RCS 压力变化的特点，必须厘清 RCS 的质量平衡与能量平衡关系。

质量平衡可表示为冷却剂 RCS 的质量的变化率等于安注流量与破口流量之差，系统压力越高，破口流量越大，安注流量越小。为使一回路冷却剂装量停止减少，必须使一回路系统减压。但在事故过程开始不久之后，系统压力降至与系统内最高温度相应的饱和压力，且自此之后，系统内压力与温度即联系在一起。如要降压就必须降温，压力下降就受到排热能力的影响。

冷却剂焓值（h）的变化可表示为

$$h=\frac{1}{G}\left[\dot{Q}_{\text{decay}}\dot{Q}_{\text{ps}}G_{\text{si}}(h-h_{\text{si}})-\dot{Q}_{\text{e}}\right] \tag{5-10}$$

式中，$\dot{Q}_{\text{decay}}$ 为堆芯释放的衰变热；$\dot{Q}_{\text{ps}}$ 为通过蒸汽发生器一次侧向二次侧的传热；h_{si} 为安注水的焓值；$\dot{Q}_{\text{e}}$ 表示生成蒸汽所需要的热量。

由 RCS 的质量，能量平衡关系可以得出以下几种情况。

（1）当 $\dot{Q}_{\text{decay}}-\dot{Q}_{\text{ps}}-G_{\text{si}}(h-h_{\text{si}})$ 剩余的热量所产生的蒸汽不能补偿因液体减少而排空的容积时，压力则随之下降。

（2）由于在分析中假设 SG 的安全阀为唯一可用的热阱，SG 二次侧的温度即相应于安全阀设定的开启压力的饱和温度。仅当一次侧温度高于此温度才能有一次侧向二次侧的传热。因此，如果系统的压力下降必须借助 SG 的传热，则一回路的压力必不能降至安全阀设定的开启压力之下，当一回路压力降至比此值略高时，会形成一个压力稳定阶段（压力平台）。这成为小破口失水事故区别于大破口失水事故的一个显著特征。

（3）只有当破口流量足够大时，一回路压力下降完全不依赖于 SG 的传热，一回路压力才能持续下降。这就是大破口失水事故过程的进展会触发安注箱及低压安注注水的原因。

（4）在小破口失水事故初期，SG 传热为惯性流量强迫循环传热，继而为自然循环传热，当水位下降使热管段管口裸露后，蒸汽进入传热管，使自然循环中断。此时 SG 的传热以回流冷凝的方式进行，即上腔室的蒸汽进入传热管，在传热管壁冷凝成水，在重力作用下返回上腔室。在自然循环中断后，SG 传热能力下降，往往会出现轻微的一回路压力回升现象。

压力壳水位降至热管段管口之下，自然循环中断后，一回路压力的下降如仅依赖于衰变热的降低，则过程需延续非常长的时间。这将会造成燃料元件裸露及高温损毁，但在多数情况下，当堆芯水位降低后，压力壳上腔室与冷管段之间的压差将扫清主泵入口段处弯头内的存水（此现象被称为水封清除），使压力壳上腔室内的蒸汽可从破口排出。在水封清除之后，一回路压力就不再停留于压力平台而开始较快地下降；若水封清除发生于堆芯冷却剂处于相当高的压力和温度下（一回路温度显著高于二次侧温度），则第一次水封清除之后，又可能因凝结水封堵于弯头，而发生第二次水封。一般来说，一旦水封清除，一回路温度就会低于二回路温度，SG 传热管内不再有凝结现象，上腔室内蒸汽会持续从破口喷出，堆芯压力不断下降，或者是触发安注箱动作，进一步冷却堆芯并恢复压力壳水位。

应该指出，上述一系列现象，均是在 SG 安全阀为唯一热阱的条件下发生的。实际上，在小破口失水事故过程中，辅助给水的提供是充分的，SG 的释放阀排放及旁路排放阀是可用的，借此，可以控制 SG 二次侧的压力使一回路压力随之下降，破口流量下降，安注流量上升，最后终止冷却剂装量的减少。

5.2.5　典型的小破口失水事故过程

现在参看一个 1 000 MW（e）的四环路核电厂，4 英寸直径冷管段破口的事故过程，此过程典型地显示了 SBLOCA 的过程特点（图 5-28）。

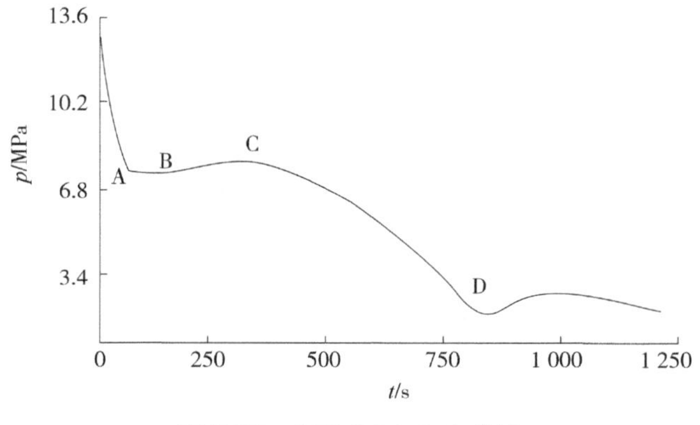

图 5-28　SBLOCA 压力曲线

A 点（压力曲线）以前为欠热喷放，A 点压力为热管温度的饱和压力（127 bar），开始闪蒸，也在此压力下触发停堆。

A—B（压力曲线）为饱和喷放。

B 点压力略高于 SG 安全阀设定值。

B—C（一回路压力，堆芯水位及热点包壳温度）SG 传热下降，出现压力平台，在热管段入口裸露后，可见压力上升现象，堆芯水位下降，元件裸露，热点包壳温度升高。

C 点水封清除，一回路压力骤然下降，堆芯水位上升，燃料元件淹没，包壳温度下降。

C—D 因破口流量仍然大于安注流量，堆芯水位再次下降，燃料元件裸露，包壳温度上升。

D 点压力达到安注箱注水压力，安注箱水注入一回路压力因堆芯蒸汽冷凝而下降，燃料再次淹没，包壳温度下降。

D 点以后，堆芯淹没处于长期冷却阶段。

5.2.6 AP1000 小破口失水事故分析

本节讨论小破口失水事故，定义为一回路压力边界上的一个破口面积小于 1 平方英尺的失水事故。通常在这样的事故下正常的上充下泄系统不足以维持一回路水装量和压力。这是一个核电厂整个寿期内有可能发生一次的Ⅲ类工况。

一旦发生小破口失水事故，一回路系统冷却剂压力下降，稳压器压力低信号会触发停堆。反应堆紧急停堆后，反应堆功率迅速下降，注入的含硼水向堆芯提供冷却水，避免燃料包壳温度过高。

AP1000 核电厂设计了非能动安全系统来避免小破口失水事故情况下的堆芯裸露。这里，AP1000 的非能动安全设计思路是在小破口失水事故下，如果破口流量大于补水系统的能力，或者非安全级的补水系统失效的情况下对一回路系统进行降压。通过系统的降压，使得安全壳内的换料水箱和蓄水箱内的大量水可以用于冷却堆芯。分析表明，在单一故障假设下，通过降压非能动的系统可以有效地冷却反应堆的堆芯，通过换料水箱内的冷水可以维持反应堆处于安全状态。

在小破口失水事故下，一回路压力下降，由稳压器低压信号触发停堆。非能动堆芯冷却系统随后启动，包括 2 个堆芯补水箱、2 个蓄压箱、1 个大的 IRWST 和 1 个 PRHR 换热器。

堆芯补水箱可以在反应堆冷却剂系统压力下工作，替代了传统压水堆普遍配备的高压安注系统。堆芯补水箱和蓄压箱以及 IRWST 共用其中的一根管线，可注入含硼水提供足够的停堆深度。堆芯补水箱内的重力压头提供了注入的驱动力。两个堆芯补水箱都位于一回路冷却剂系统的上方，每个补水箱均有压力平衡管线连接到反应堆的冷腿。

蓄压箱提供含硼水，通常情况下，AP1000 的蓄压箱（图 5-29）总容积为 2 500 立方英尺，内装 2 125 立方英尺的水和 375 立方英尺的初始压力为 4.83 MPa（g）（700 psig）的氮气。当一回路降压达到整定值，或者是由于破口喷放引起泄压，或者是由于 ADS 系统投入引起泄压时，蓄压箱即投入。蓄压箱相当于传统压水堆的中压安注系统。

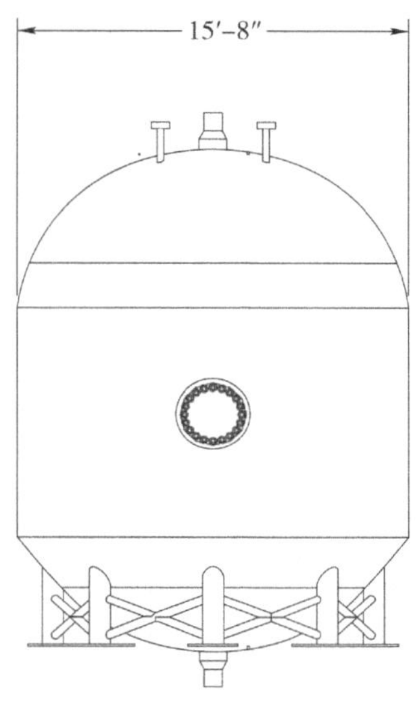

图 5-29　AP1000 的蓄压箱

IRWST 内可提供 78 900 立方英尺水用于长期冷却。IRWST 投入使用需要将系统压力降至安全壳内压力 0.9 bar（13 psi）以上。

ADS 系统通过一系列的阀门连接管线到稳压器和反应堆的热腿，提供一套分阶段降压的手段。小破口失水事故发生后，堆芯补水箱对一回路进行补水。当补水箱水位降至 67.5%以下时，ADS 系统的阀门打开开始快速降压。降压第一阶段，4 英寸的阀门打开，随后打开第二阶段的 8 英寸阀门以及第三阶段的 8 英寸阀门。前三个阶段降压排出的冷却剂排入 IRWST 内的一个收集系统。第四阶段的降压阀门连接在热腿上，打开的阀门排向安全壳内大气。第四阶段的阀门触发的条件是堆芯补水箱水位降到 20%。

在小破口失水事故下，系统压力下降，一回路冷却剂流失，通过堆芯补水箱、蓄压箱和 IRWST 提供堆芯冷却需要的水。计算分析表明，小破口失水事故下堆芯的长期冷却是能够达到的。

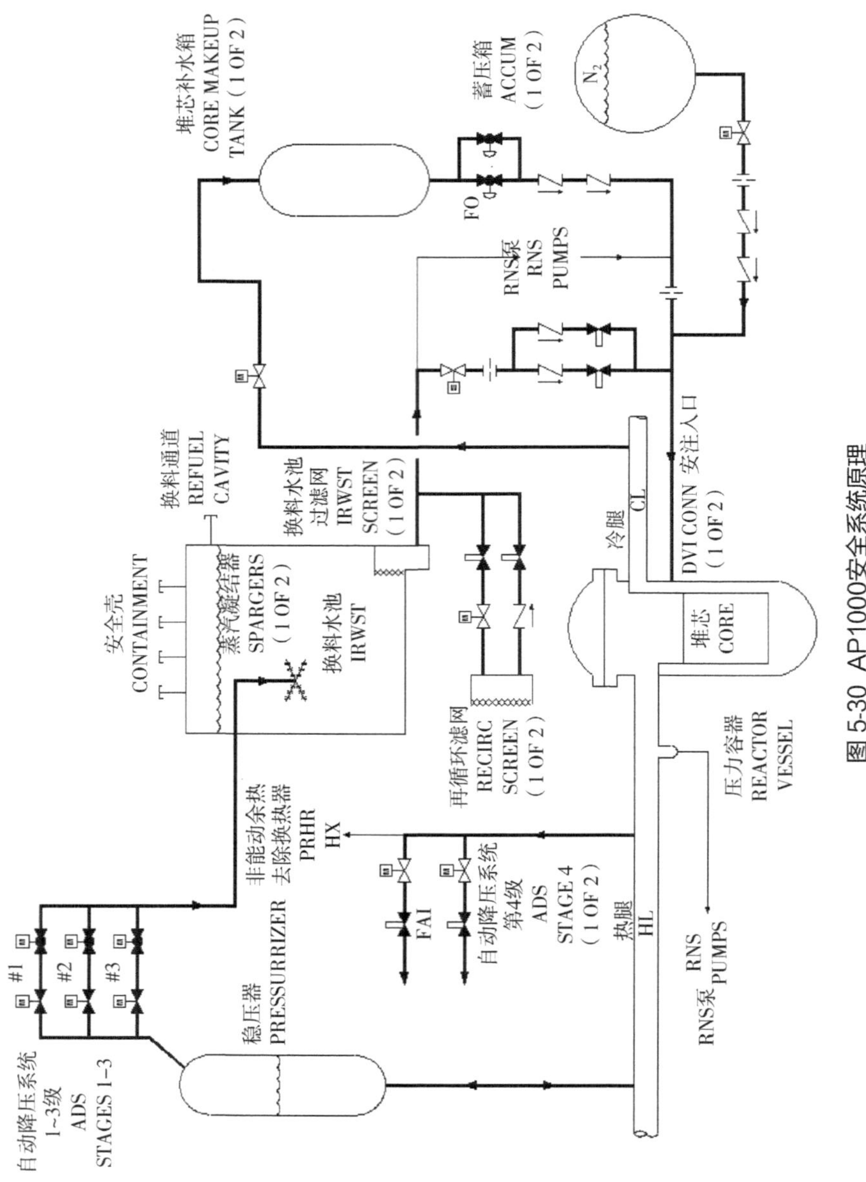

图 5-30 AP1000安全系统原理

小破口失水事故的分析采用了一个符合 10 CFR 50 附录 K 规定的模型。

计算机分析程序 NOTRUMP 被用于 AP1000 的小破口失水事故。NOTRUMP 程序是一个一维管网式程序，具有流体的热非平衡模型、依赖流型的具有逆向淹没限值的漂移流模型、混合物水位多层节点的跟踪模型、分区处理的传热关系式等。用于 AP1000 分析的 NOTRUMP 程序版本通过了非能动电厂实验数据的验证。程序在模拟上腔室水位、热腿的注入、蓄压箱注入阶段堆芯内水位坍塌等现象的模拟能力有一定的限制。NOTRUMP 程序采用均匀流敏感模型和临界热流密度评估模型来分析蓄压箱安注阶段的现象。

堆芯初始功率为 102%，稳压器压力小于 12.41 MPa（1 800 psi）触发停堆，并保守地假设了一个延迟。衰变热采用 ANS-1971 标准，考虑+20%的不确定性。

稳压器压力小于 11.72 MPa（1 700 psi）后，产生一个“S”信号，随后堆芯补水箱的隔离阀线性打开，主给水管线隔离阀在“S”信号后的 2～7 s 内关闭，一回路主循环泵在“S”信号后 6 s 触发开始惰转。

ADS 的执行信号是堆芯补水箱的低水位信号，安全壳内的压力边界条件设置为 1 bar（14.7 psi）。

蒸汽发生器二次侧主蒸汽管线在停堆信号后 6 s 由于汽机速关阀的动作而被隔离。主蒸汽安全阀在压力达到 8.51 MPa（1 235 psi）时打开。

非能动的安全系统内考虑一个能动故障，通过分析，认为最极限的故障是 ADS 第四级泄压阀有一个打不开，导致泄压速度受到影响。AP1000 的非能动安全设计理念是把一回路逐级降压，使得低压 IRWST 内的大量水可用于冷却堆芯。对一回路水装量的分析表明，水装量最少的时刻是 IRWST 提供的低压安注启动之前。因此，影响降压速度的单一故障假设是最保守的假设。

用 NOTRUMP 程序分析的小破口失水事故的结果如图 5-31～图 5-39 所示。结果表明，相对较大的破口会引起较小的一回路水装量，而相对较小的破口在堆芯裸露方面表现出了更大的裕量。

AP1000 非能动安全设计依赖于系统的逐级降压。在分析中没有考虑非安全级系统的影响，实验装置 SPES-2 上的试验表明，小破口失水事故情况下，如果非安全级的系统投入使用，会使得一回路装量更多，从而有利于安全。

笔者主要分析了以下几种情况的破口：ADS 阀门的误动作导致的破口，堆芯补水箱平衡管线上的 2 英寸破口，压力容器注入管线上的双端断裂破口以及喷放敏感性分析，冷腿上 10 英寸的破口。

第一级 ADS 的 4 英寸阀门误打开情况下的分析结果列于下列图中。

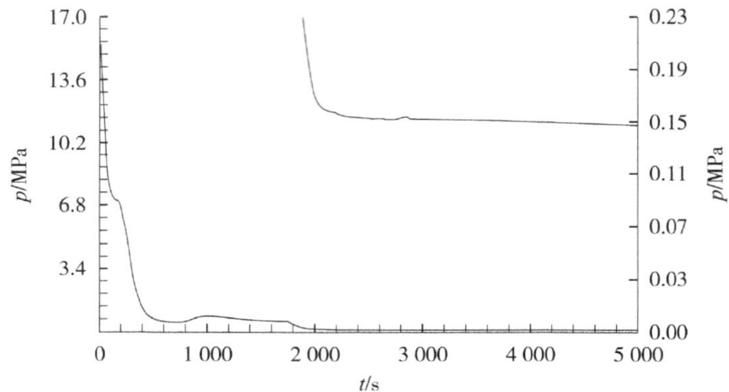

图 5-31　压力随时间的变化

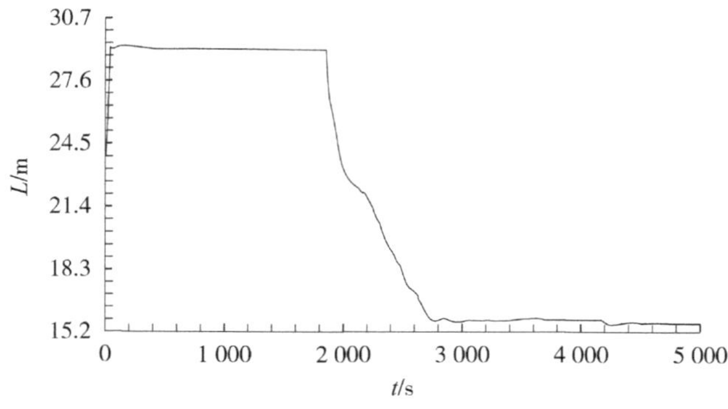

图 5-32　稳压器水位随时间的变化

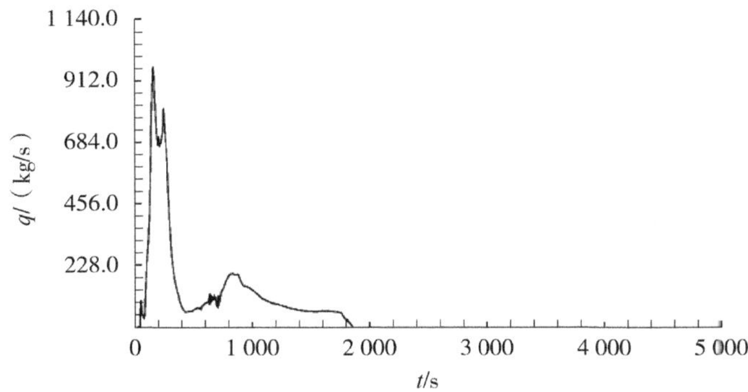

图 5-33　液体排放流量随时间的变化

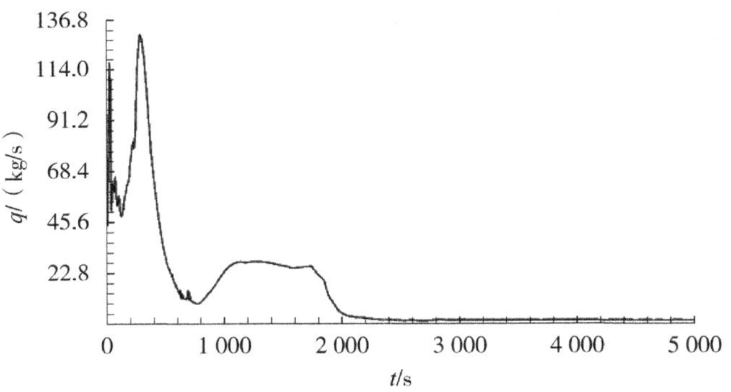

图 5-34　蒸汽排放流量随时间的变化

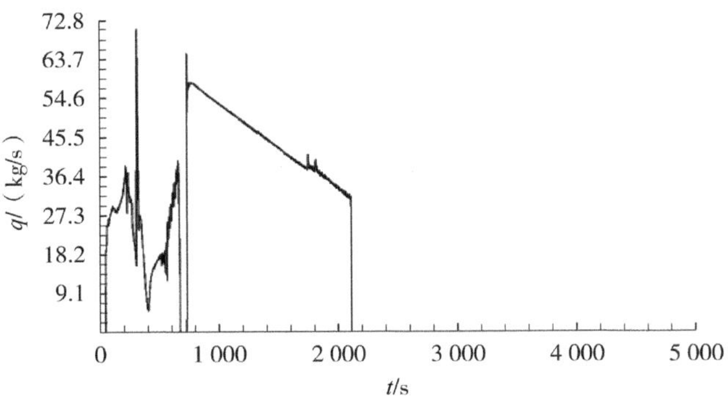

图 5-35　注入流量随时间的变化

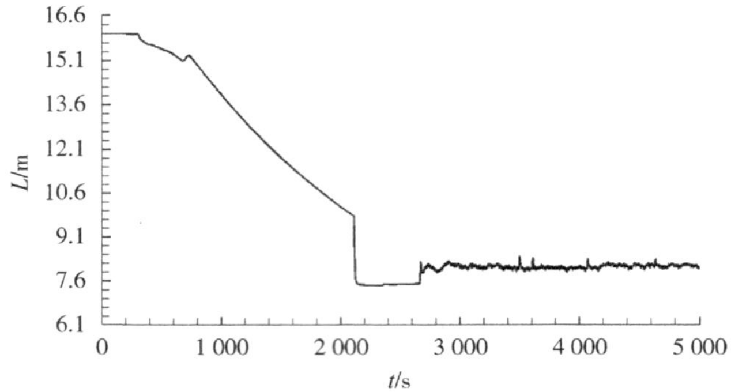

图 5-36　CMT-1 的水位随时间的变化

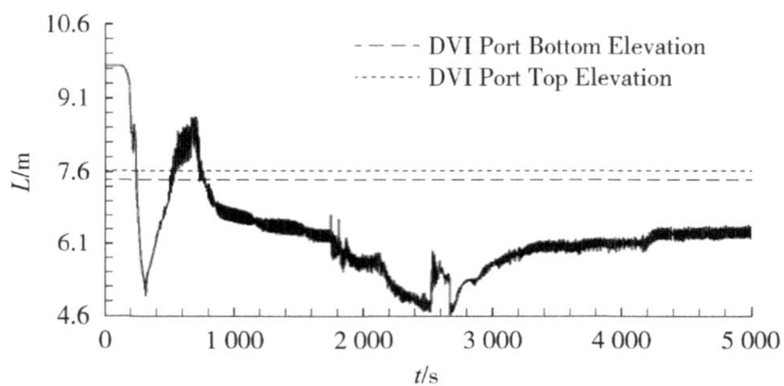

图 5-37　环形下降段内的水位随时间的变化

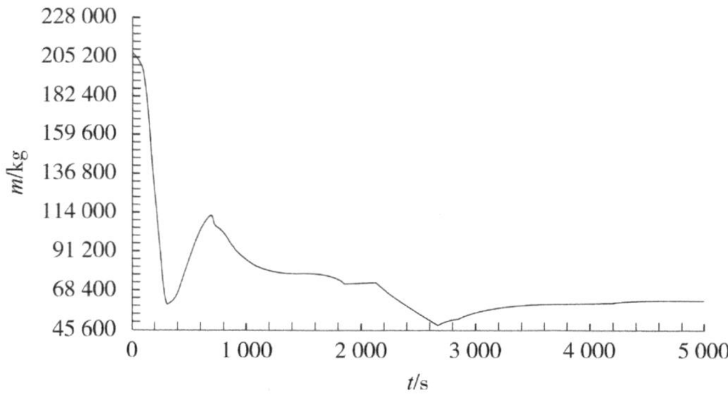

图 5-38　一回路装量随时间的变化

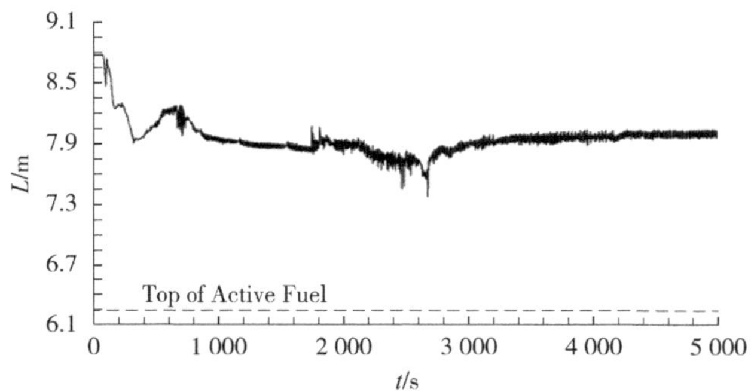

图 5-39　堆芯水位随时间的变化

复习思考题

1. 对于压水堆核电厂来说，什么是部分失流事故？

2. 对于压水堆核电厂来说，什么是全部失流事故？

3. 对于压水堆核电厂来说，部分失流事故的验收准则是什么？

4. 例如，有一台水泵的入口压力为 1 bar，出口压力为 10 bar，流量为 2 000 kg/s，流体密度为 1 000 kg/m^3，泵的功率为 2 MW，假设出入口高度相同，流速也相同，计算该泵的效率。

5. 在秦山核电厂的部分失流事故分析中，为什么不停电环路的流量会上升？

6. 什么是压水堆核电厂的失水事故？大破口失水事故的验收准则是什么？

7. 传统压水堆的小破口事故发生后，为什么一回路系统的压力不能快速下降？AP1000 针对这一情况进行了怎样的改进？

附录　缩略语和专业术语解释

ADS（Automatic Depressurize System）：自动降压系统。用于设计基准事故发生后能够自动有序地降低反应堆压力，支持实现堆芯安全注射，以及严重事故时快速泄压到安全壳内压力，防止出现高压熔堆和实现低压安注及长期再循环冷却的一回路系统的子系统，也是专设安全系统之一。

AFW（Auxiliary Feedwater System）：辅助给水系统。专门用于电厂启动、停闭、热备用与低功率工况，向蒸汽发生器提供给水的系统。有的设计将之与应急给水系统合并，用于主给水系统不可用事故下向蒸汽发生器二次侧供水，导出堆芯剩余释热。

ANS（American Nuclear Society）：美国核学会。

ATWS（Anticipated Transient Without Scram）：未能紧急停堆的预计瞬态。核电厂发生预计运行瞬态引起的物理热工参数变化达到触发停堆保护动作的整定值，但因某种原因未能紧急停堆造成的事故，是一种超设计基准事故。

BWR（Boiling Water Reactor）：沸水堆，全称为“沸腾水反应堆”。以沸腾轻水为慢化剂和冷却剂并在反应堆压力容器内直接产生饱和蒸汽的发电用核反应堆。

CFR（Code of Federal Regulations）：美国联邦法规。

CHF（Critical Heat Flux）：临界热流密度。在一定的工作压力、质量流量和质量含汽率下，蒸发管中管壁向工质的放热系数大幅下降，壁温开始急剧上升时的热流密度。

CMT（Core Makeup Tank）：堆芯补水箱。作为非能动全压安注系统主设备的装有浓硼水的带内衬钢制容器。其安全壳内位置标高高于主管道标高，入口管与主管道冷管段相接，出口管与压力容器相连。需要时，其出口隔离阀被触发打开，可向堆芯非能动注射浓硼水。

DNB（Departure of Nucleate Boiling）：偏离泡核沸腾。当加热壁面上的沸腾从泡核沸腾发展到膜态沸腾时，液体不能接触壁面、传热急剧恶化，壁温会大幅升高，甚至使壁面烧毁的现象。

DNBR（Departure of Nucleate Boiling Ratio）：偏离泡核沸腾比。燃料元件包壳上给定点的偏离泡核热流密度与实际热流密度之比。水冷反应堆内发生偏离泡核沸腾往往导致燃料元件烧毁，因此常将它与“烧毁比”混用。

ECCS（Emergency Core Cooling System）：应急堆芯冷却系统。用于在事故工况下提供足够的堆芯冷却和硼化能力。

GDC（General Design Criteria）：通用设计准则。

HAF（He Anquan Fagui）：核安全法规。

HVAC（Heating Ventilation and Air Conditioning）：供暖通风与空气调节。

ICRP（International Commission on Radiation Protection）：国际放射防护委员会。

INES（International Nuclear Event Scale）：国际核事故分级标准。

IPCC（Intergovernmental Panel on Climate Change）：联合国政府间气候变化专门委员会。

IRWST（In containment Refueling Water Storage Tank）：安全壳内置换料水贮存阀。

LBLOCA（Large Break Loss of Coolant Accident）：大破口失水事故。压水堆核电厂中反应堆冷却剂主管道双端剪切断裂并完全错位，导致反应堆冷却剂大量失去的事故。这是一种假想的设计基准事故，属Ⅳ类工况（极限事故）。

LOCA（Loss of Coolant Accident）：失水事故。一回路有较大破口、冷却剂补充能力不足以弥补从破口的流失，使堆芯逐渐失去冷却，导致燃料棒包壳升温甚至烧毁的事故。

NRC（Nuclear Regulatory Commission）：美国核管理委员会。

PCT（Peak Cladding Temperature）：包壳峰值温度。

PWR（Pressurized Water Reactor）：压水反应堆。以加压欠热水为慢化剂和冷却剂的核动力反应堆。

RCS（Reactor Coolant System）：反应堆冷却剂系统。维持冷却剂装量，使其循环并带出堆芯热量，在其他情况下为堆芯冷却提供条件的系统，通常包含数条与堆进、出口相连的并联环路，分别由蒸汽发生器、冷却剂泵和主管道组成，所有环路共用一台稳压器。

SBLOCA（Small Break Loss of Coolant Accident）：小破口失水事故。

SG（Steam Generator）：蒸汽发生器。在采用间接循环的反应堆动力装置中，将反应堆冷却剂从堆芯获得的热能传给二回路工质使其变为蒸汽的热交换设备。包括产生过热蒸汽的直流式蒸汽发生器和带汽水分离器、干燥器的饱和蒸汽发生器两类。应用于压水堆中，沸水堆中无该设备。

SGTR（Steam Generator Heat Transfer Tube Rupture Accident）：蒸汽发生器传热管破裂事故。压水堆一回路冷却剂从蒸汽发生器破裂的传热管进入二次侧，造成特殊的小破口失水事故。二次侧压力和水位上升，直至满溢；蒸汽和水从释放阀和安全阀排出，会使阀门和管道受损，且伴随环境污染，是实际上发生频率最高的极限事故。

UNEP（United Nations Environment Programme）：联合国环境规划署。

WANO（World Association of Nuclear Operators）：世界核电运营者协会。

WMO（World Meteorological Organization）：世界气象组织。

安全分析报告：为申领核安全许可证件，核电厂营运单位向国家核安全监管机构提交的论述该核电厂安全性能及确保核安全、保障工作人员和公众健康、保护环境措施的技术文件。又分为初步安全分析报告、最终安全分析报告和修订的最终安全分析报告。

安全壳：包容反应堆和反应堆冷却剂系统及一些重要的安全系统，防止在反应堆失水事故和严重事故下放射性物质向环境不可控释放，并保护反应堆冷却剂承压边界和安全系统抗御外部事件能力的构筑物，是核电厂的第三道，亦即最后一道实体屏障。

安全功能：为了保证设施或活动能够预防和缓解核动力厂正常运行、预计运行瞬态和事故工况下的放射性后果，保证安全而必须达到的特定目的。

安全组合：用于完成某一特定假设始发事件下所必需的各种动作的设备组合，其使命是防止预计运行事件和设计基准事故的后果超过设计基准中的规定限值。

安全系统：安全上重要的系统，用于保证反应堆安全停堆、从堆芯排出余热或限制预计运行事件和设计基准事故的后果。

安全重要物项：属于某一安全组合的一部分，其失效或故障可能导致对厂区人员或公众产生辐射照射的物项。

安全状态：核动力厂在发生预计运行事件或事故工况后，反应堆处于次临界，并能够保证基本安全功能且长期保持稳定的状态。

安全系统整定值：为防止出现超过安全限值的状态，在发生预计运行事件或设计基准事故时启动有关自动保护装置的触发点。

保护系统：监测反应堆的运行，并根据探测到的异常工况信号，自动触发动作以防止发生不安全或潜在的不安全工况的系统。

超设计基准事故：是指假定的比设计基准事故的事故工况更为严重的事故。

单一故障：导致单一系统或部件不能执行其预定安全功能的一种故障，以及由此引起的各种继发故障。

单一故障准则：对某一安全组合或特定的安全系统要求在其任何部位发生可信的单个不能执行其预定安全功能的随机故障及其所有继发性故障时仍能执行其正常功能的准则。

大量放射性释放：需要厂外防护行动，但是这些行动受到时间长度和使用区域的限制，从而不足以保护人员和环境而导致的放射性释放。

陡边效应：在核动力厂中，由微小变化的输入引发核动力厂状态的重大突变。例如，由参数微小的偏离导致核动力厂从一种状态突变到另一种状态的严重异常行为。

多样性：为执行某一确定功能设置两个或多个独立（或冗余）的系统或部件，这些不同的系统或部件具有不同的属性，从而减少了共因故障（包括共模故障）的可能性。

放射性流出物：核设施以气体、气溶胶、粉尘或液体等形态排入环境的放射性物质。

非能动部件：不依靠触发、机械运动或动力源等外部输入而行使功能的部件。

概率：表示1个随机事件发生可能性大小的数。该数在0～1之间取值。

概率安全分析：以概率论为基础，通过系统结构的逻辑推理，将整个系统的失效概率与其各层次子系统、部件及外界条件等的失效概率联系起来，从而找出各种事故频率并给予安全评价的风险量化评价技术。

共因故障：由特定的单一事件或起因导致两个或多个构筑物、系统或部件失效的故障。

功能隔离：防止一个线路或一个系统的运行模式或故障对另一个线路或系统造成有害后果。

故障树：一种用来描述特定故障的树形图表说明。该树形图表具有可选择的特性。

核安全目标：以定性或定量、确定论或概率论等方式表明社会要求核工业达到的安全水平。例如，我国核安全监管机构对新建核电厂制定的概率安全目标为堆芯损坏概率 10^{-4}/（堆·年），放射性物质大量释放概率 10^{-5}/（堆·年）。

可控状态：一种核动力厂状态，即在发生预计运行事件或事故工况后，核动力厂能够保证并维持基本安全功能，以便有足够的时间采取有效措施使其达到安全状态。

能动部件：依靠触发、机械运动或动力源等外部输入而行使功能的部件。

假设始发事件：设计期间确定的可能导致预计运行事件或事故工况的假设事件。

设计基准事故：导致核动力厂事故工况的假设事故，这些事故的放射性物质释放在可接受限值以内，该核动力厂是按确定的设计准则和保守的方法来设计的。

设计扩展工况：不在设计基准事故考虑范围的事故工况，在设计过程中应该按最佳估算方法加以考虑，并且该事故工况的放射性物质释放在可接受限值以内。设计扩展工况包括没有造成堆芯明显损伤的工况和堆芯熔化（严重事故）工况。

事故管理：在超设计基准事故发展过程中所采取的一系列行动，包括①防止事件升级为严重事故；②减轻严重事故的后果；③实现长期稳定的安全状态。为了减轻严重事故后果的事故管理也称严重事故管理。

事故工况：偏离正常运行，比预计运行事件发生频率低但更严重的工况。事故工况包括设计基准事故和设计扩展工况。

事件树：一种用来描述特定事件的树形图表说明。该树形图表具有可选择的特性。

实际消除：如果该工况实质上不可能发生或高置信度极不可能发生，则认为该工况被实际消除。

实体隔离：由几何分隔（距离、方位等）、适当的屏障或二者结合形成的隔离。

衰变热：放射性核素衰变时最终以热的形式释放出的能量。反应堆停堆后的衰变热是堆内裂变产物和中子活化产物衰变释放的热量。

停堆余热排出系统：在反应堆停堆后冷却剂系统温度和压力降到一定值时，用于排出反应堆余热以长期保持反应堆处于冷停堆状态的系统。

稳压器：在压水堆核电厂一回路中提供汽相空间来调节和稳定系统工作压力的单个装置，由容器、电加热元件、波动管座、喷雾器、卸压阀和安全阀等组成。也有少数压水堆采用在压力容器内建立由外接氮气加蒸汽组成的自稳压系统。

预计运行事件：在核动力厂运行寿期内预计至少发生一次的偏离正常

运行的各种运行过程；由于设计中已采取相应措施，这类事件不至于引起安全重要物项的严重损坏，也不至于导致事故工况。

运行状态：正常运行和预计运行事件两类状态的统称。

严重事故：严重性超过设计基准事故并造成堆芯明显恶化的事故工况。

早期放射性释放：必要的场外防护行动在预期时间不可能全面有效执行的放射性释放。

正常运行：核动力厂在规定的运行限值和条件范围内的运行。

最终热阱：即使所有其他的排热手段已经丧失或不足以排出热量时，总是能够接受核动力厂所排出余热的一种介质。这种介质通常为水体或大气。

纵深防御：作为必须贯彻于核活动全过程的核安全基本原则。使核设施和核活动置于多重保护之下，即使发生某个故障，亦将有适当的措施及时探测、补救或纠正，而不致危及工作人员、公众和环境。

参考文献

[1] 臧希年. 核电厂系统及设备（第 2 版）[M]. 北京：清华大学出版社，2010.

[2] 欧阳予. 秦山核电工程［M］. 北京：原子能出版社，2000.

[3] 俞尔俊，李吉根. 核电厂核安全［M］. 北京：原子能出版社，2010.

[4] 俞冀阳，贾宝山. 反应堆热工水力学（第 2 版）［M］. 北京：清华大学出版社，2011.

[5] 昝云龙. 核电站生产管理［M］. 北京：原子能出版社，2000.

[6] 阮於珍. 核电厂材料［M］. 北京：原子能出版社，2010.

[7] 张勇. 核电厂辐射防护［M］. 北京：中国原子能出版传媒有限公司，2011.

[8] 杨文斗. 反应堆材料学（修订版）［M］. 北京：原子能出版社，2006.

[9] 鞠德重. 核电厂质量保证［M］. 北京：原子能出版社，2010.

[10] 匡志海. 核电厂安全文化［M］. 北京：原子能出版社，2010.

[11] 程平东，孙汉虹. 核电工程项目管理［M］. 北京：中国电力出版社，2006.

[12] 凌球，郭兰英，等. 核电站辐射测量技术［M］. 北京：原子能出版社，2001.

[13] 孙汉虹 等. 第三代核电技术 AP1000［M］. 北京：中国电力出版社，2010.

[14] 张兆国. 核电厂消防［M］. 北京：原子能出版社，2010.

[15] 王为民，李银凤，刘万琨. 核能发电与核电厂水电热联产技术［M］. 北京：化学工业出版社，2009.

[16] 上海发电设备成套设计研究院. 压水堆核电站核岛主设备材料和焊

接. 上海：上海科学技术文献出版社，2008.

[17] 陈叔平，等. 能源之星：核电 [M]. 北京：原子能出版社，2005.

[18] 丁云峰，李永章. 核电厂运行概述 [M]. 北京：原子能出版社. 2010.

[19] 王森. 核电企业的灵魂 [M]. 北京：原子能出版社，2005.

[20] 郑富裕，邵向业，丁云峰. 压水堆核电厂运行 [M]. 北京：原子能出版社，1998.

[21] 乔辛卯，肖杰，王俐. 核电厂员工行为管理 [M]. 北京：原子能出版社，2010.

[22] 臧希年，申世飞. 核电厂系统及设备 [M]. 北京：清华大学出版社，2003.

[23] 邹益民. 核电厂应急准备与响应 [M]. 北京：原子能出版社，2010.

[24] 李宇春，朱志平，杨道武，等. 核电站水化学控制工况 [M]. 北京：化学工业出版社，2008.

[25] 郑福裕. 压水堆核电厂运行物理导论 [M]. 北京：原子能出版社，2009.

[26] 中国电力出版社. 电力工程项目建设用地指标（火电厂、核电厂、变电站和换流站）[M]. 北京：中国电力出版社，2010.

[27] 环境保护部科技标准司，等. 核电厂核事故防护知识问答 [M].北京：中国环境科学出版社，2011.

[28] 高胜玉. 论新形势下的核电建设管理 [M]. 北京：原子能出版社，2011.

[29] 王喜元. 从核弹到核电：核能中国 [M]. 北京：中国科学技术大学出版社，2009.

[30] 高胜玉. 一个核电建设者的风雨历程 [M]. 北京：原子能出版社，2009.

[31] 国家能源局. NB/T 25007—2011 核电厂调试文件体系编制要求. 中国电力出版社有限公司. 2012 年 1 月.

［32］国家能源局. NB/T 25005—2011 核电厂汽轮机汽缸焊接修复技术规程. 中国电力出版社. 2011 年 10 月.

［33］朱华. 高等院校理工类系列教材：核电与核能［M］. 杭州：浙江大学出版社，2009.

［34］马明泽. 核电厂概率安全分析及其应用［M］. 北京：原子能出版社，2010.

［35］张松梅. 核电厂蒸汽动力转换系统概述［M］. 北京：原子能出版社，2010.

［36］国家能源局. 中华人民共和国能源行业标准（NB/T 25001—2011）：核电厂选址质量保证要求. 中国电力出版社，2011 年 10 月.

［37］张家倍，马琳伟，鲁红权，等. 核电运行技术支持：基础及应用［M］. 上海：上海科学技术出版社，2001.

［38］国家能源局. NB/T 25003—2011 核电厂选址阶段环境影响评价报告编制规定［S］. 北京：中国电力出版社，2012.

［39］林诚格. 非能动安全先进核电厂 AP1000［M］. 北京：原子能出版社，2008.

［40］杨兰和. CP600 压水堆核电厂大修运行管理［M］. 北京：原子能出版社，2011.

［41］杨兰和. CP600 压水堆核电厂腐蚀防护［M］. 北京：原子能出版社，2011.

［42］国家能源局. NB/T 25002—2011 核电厂海工构筑物设计规范［S］. 北京：中国电力出版社. 2011 年 10 月.

［43］杨兰和. CP600 压水堆核电厂核燃料管理［M］. 北京：原子能出版社，2011.

［44］国家能源局. NB/T 25008—2011 核电厂海水冷却系统腐蚀控制与电解海水防污［S］. 北京：中国电力出版社，2012.

［45］黄逸达. 核电厂建造阶段的质量管理实施手册［M］. 北京：中国标准

出版社，2009.
［46］《岭澳核电工程实践与创新》编辑委员会. 岭澳核电工程实践与创新1：施工管理卷［M］. 北京：原子能出版社，2002.
［47］马明泽. CP300 核电厂二回路系统/设备及运行［M］. 北京：原子能出版社，2011.
［48］国家能源局. DL/T 1118—2009 核电厂常规岛焊接技术规程［S］. 北京：中国电力出版社，2009.
［49］中国电力企业联合会标准化中心. 2007-火电卷 核电卷-电力工业标准汇编［M］. 北京：中国电力出版社，2009.
［50］中国电力企业联合会标准化中心. 电力行业标准汇编：火电卷 核电卷（2006）［M］. 北京：中国电力出版社，2008.
［51］马夫. 东方之珠：广东大亚湾核电站开工建设［M］. 长春：吉林出版集团. 2010 年 1 月.
［52］广东核电培训中心. 900 MW 压水堆核电站系统与设备（套装上下册）［M］.北京：原子能出版社，2005.
［53］上海市质量协会. 质量安全与质量管理：核电企业质量培训教材［M］. 北京：中国标准出版社，2009.
［54］《岭澳核电工程实践与创新》编辑委员会. 岭澳核电工程实践与创新（合同、财务及审计卷）［M］. 北京：原子能出版社，2003.
［55］欧阳予，林诚格. 非能动安全先进压水堆核电技术（套装共 3 册）［M］. 北京：原子能出版社，2010.
［56］马夫. 共和国故事·核电丰碑：秦山核电站并网发电［M］. 长春：吉林出版集团，2010.
［57］朱继洲，单建强. 核电厂安全［M］. 北京：中国电力出版社，2010 年.
［58］王秀清. 世界核电复兴的里程碑：中国核电发展前沿报告［M］. 北京：科学出版社，2008.
［59］国家能源局.DL/T 1103—2009 核电站管道振动测试与评估［S］. 北

京：中国电力出版社，2009.

[60] 国家能源局. DL/T 1117—2009 核电厂常规岛焊接工艺评定规程［S］. 北京：中国电力出版社，2009 年 12 月.

[61] 国家能源局. DL/T 1142—2009 核电厂反应堆控制系统软件测试［S］. 北京：中国电力出版社，2009.

[62] 国家能源局. DL/T 5423—2009 核电厂常规岛仪表与控制系统设计规程［S］. 北京：中国电力出版社，2009.

[63] 单建强. 压水堆核电厂调试与运行［M］. 北京：中国电力出版社，2008.

[64] 住房和城乡建设部，国家质量监督检验检疫总局. GB 50633—2010 核电厂工程测量技术规范［S］. 北京：中国计划出版社，2011.

[65] 国家能源局. DL/T 1143—2009 压水堆核电站一回路主设备监造技术导则［S］. 北京：中国电力出版社，2009.

[66] 国家能源局. DL/T 5409.4—2010 核电厂工程勘测技术规程 第 4 部分：测量［S］. 北京：中国电力出版社，2010.

[67] 国家能源局. DL/T 5409.3—2010 核电厂工程勘测技术规程 第 3 部分：水文气象［S］.北京：中国电力出版社，2010.

[68] 刘国发，郭文琪. 核电厂仪表与控制［M］. 北京：原子能出版社，2010.

[69] 夏延龄，周一东，黄兴蓉. 核电厂核蒸汽供应系统［M］. 北京：原子能出版社，2010.

[70] 郝老迷. 核反应堆热工水力学［M］. 北京：原子能出版社，2010.

[71] 赵郁森. 核电厂辐射防护［M］. 北京：原子能出版社，2010.

[72] 国家能源局. DL/T 5409.2—2010 核电厂工程勘测技术规程 第 2 部分：岩土工程［S］. 北京：中国电力出版社，2010.

[73] 国家能源局. DL/T 5409.1—2009 核电厂工程勘测技术规程 第 1 部分：地震地质［S］. 北京：中国电力出版社，2010.

［74］邹正宇，等. 初级岗位培训教材·CANDU-6 核电厂系统与运行：常规岛系统（二）［M］. 北京：原子能出版社，2010.
［75］阎克智. 核电厂通用机械设备［M］. 北京：原子能出版社，2010.
［76］邹正宇. CANDU-6 核电厂系统与运行常规岛系统 1：初级岗位培训教材［M］. 北京：原子能出版社，2010.
［77］顾颖宾，王略. 核电厂电气原理与设备［M］. 北京：原子能出版社，2010.
［78］韩延德. 核电厂水化学［M］. 北京：原子能出版社，2010.
［79］邹正宇. CANDU-6 核电厂系统与运行：常规岛系统 3［M］. 北京：原子能出版社，2010.
［80］臧希年. 核电厂蒸汽动力转换系统［M］. 北京：原子能出版社，2010.
［81］郑福裕，邵向业，丁云峰. 核电厂运行概论［M］. 北京：原子能出版社，2010.
［82］昝云龙. 质量管理［M］. 北京：原子能出版社，2002.